가상-건축
Architecture as Fabulated Reality

가상-건축
Architecture as Fabulated Reality

AAPK

▶brique

본 출판물은 동명의 전시 '가상-건축'의
일환으로 기획되었으나, 해당 전시는
COVID-19 사태로 무기한 연기되었다.
전시는 2020년 3월 서울에서 열릴 예정이었다.
AAPK는 그간의 활동을 기록하기 위한 취지로,
본 책을 내용의 변경없이 먼저 출판하기로
결정하였다.

AAPK curated its first exhibition,
Fabulated Reality, in conversation
with this publication. It was due
to open in Seoul in March 2020.
However, as a consequence of
the COVID-19 pandemic, AAPK
decided to postpone the exhibition
indefinitely. The present publication,
Architecture as Fabulated Reality
documents the activities of AAPK
both independent of and connected
to the exhibition.

에디토리얼

'건축'이라는 단어는 여러 영역에서 참 다양한 의미로 사용된다. 영어 단어 architecture뿐만 아니라, 한자 번역어인 '건축'도 마찬가지다. 예를 들어 전자는 IT에서도 사용되고, 후자는 '건축업' 같은 단어로도 사용된다. 소위 건축계 안에서도, 이 단어는 저마다의 방식으로 정의되고 또 활용된다. 이것은 적어도 쓰임새에 한해서는 모두가 주인인 단어다. 그래서 이 단어의 진짜 주인을 가리는 것은 사실상 불가능하다. 그렇지만 discipline은 존재한다. 이 단어는 기율 혹은 지식 체계로 번역되지만, 이 번역어가 모두에게 어색한 관계로 이 책에서는 그냥 '디서플린'이라고 표기한다. 그렇다면 이것은 무엇인가? 건축에서의 디서플린은, 르네상스 이후 서양에서 '건축으로 분류되어온 학문 분야'가 그동안 쌓아온 지식 체계를 의미한다. 즉, 이것은 엔지니어링 등의 다른 분야로 대체할 수 없는 건축만의 지식이다. 이것은 인문학도 아니다. 대신 이 고유의 영역은 시대마다 주어진 저마다의 조건 속에서 건축만이 할 수 있는 미적-공간적 사유를 끊임없이 이어왔다.

이에 따라, 디서플린에 기반한 건축은 지금도 우리가 처한 상황에 대한 고민을 이어간다. 오늘날 건축이 맞이하는 상황은 빅데이터로 이어지는 디지털 테크놀로지, 범람하는 이미지, 그리고 그 안에서 진짜와 가짜의 경계가 무너지는 '리얼리티의 위기' 등이 있다. 이는 미학에서는 다뤄진 지 오래된 개념이지만, 건축에서는 최근 들어 논의가 더 활발해진 경향이 있다. 특히 이미지 시대의 리얼리티 위기로 인해 모든 건축 작업이 하나의 이미지로 전락-독립하게 되어버린 점은 존재론에 관한 다양한 논의를 끌어내고 있다. 이는 또한, 물리적 존재 방식을 전혀 개의치 않는 수많은 디지털 공간 실험으로도 이어지고 있다.

하지만 안타깝게도 한국에서는 이러한 논의들이 아직 낯설다. 이는 디서플린이라는 개념과 그 번역이 어색한 것과 무관하지 않을 것이다. 좋은 건물을 제대로 짓기가 아직도 쉽지 않은 사회에서, 서구 문화를 바탕으로 형성된 디서플린까지 번역해와서 포용하는 것은 무리일 지도 모른다. 그래서인지 한국에서는 대부분이 건축이라는 이름을 달고 전자에 매진한다. 그러나 디서플린이 오늘날 맞닥뜨린 시대적 상황은 더는 서구 지역에 국한되지 않는다. 이는 동시대의 모든 건축가가 당면한 과제이다. 따라서 한국에서 이에 대한 논의들이 아직 활발하지 못한 점은 아쉬움이 크다.

    AAPK의 건축 실험과 그것을 서울에 전시하고자 하는 바는 이러한 맥락 위에 서 있다. 그리고 그 연장선으로 이 책이 기획되었다. 이 책은 AAPK가 2020년 서울에서 진행하는 전시 '가상-건축'의 도록을 기초로 한다. 하지만 이 책은 도록의 확장된 형식으로서, 전시 작업과 관련된 담론을 모아 담아낸 독립적인 단행본이기도 하다. 여기엔 단순히 내부 구성원들의 글에 국한되지 않고, 선별된 에세이들의 번역과 인터뷰 등이 채워진다. 이는 아직은 한국에서 낯설 수 있는 맥락을 한국어로 조금이나마 소개하기 위함이다. AAPK는 이와 관련된 논의가 앞으로 한국에서 많이 일어나길 바라며, 여기에 이 책이 하나의 좋은 레퍼런스가 될 수 있기를 희망한다.

    이 책은 그동안 건축이 건물과 관계없이 독자적으로 고민해왔던 지점들이 갖는 가능성에 집중한다. 전시의 제목과 동명인 이 책의 제목은 "가상-건축"이다. 이는 두 가지 의미를 동시에 갖는다. 첫째는 '가상 현실에 기반한 건축 실험'이고, 둘째는 '가상으로 존재하는 건축'이다. 여기서 전자가 각 작업을 아우르는 제목이라면, 후자는 이 책을 관통하는 큰 주제이다. 이 책은 건축을 가상의 허구적 지식 체계로 상정한다. 실제로 디서플린은 서구 문화권의 특이한 역사와 철학에 의해 발전되어온 다소 지역적이고 독특한 문화적 산물이다. 이로 인해, 디서플린은 건물이 발현할 수 있는 또 다른 가능성을 제시하기도 하지만, 반대로 이외의 가능성을 억제하기도 했다. AAPK는 건축 지식 체계가 절대적인 진리가 아닌 가상의 판타지로서 규정이 되면, 건물은 건축이 강제했던 편견으로부터 방해받지 않고 건물의 가능성을 펼칠 수 있고, 동시에 건축은 건물의 물리적 방해를 받지 않고 건축만의 가능성을 펼칠 수 있을 것이라고 믿는다. 또한 가상virtual은 가짜fake를 의미하지 않으며, 이 책에 따르면 다르게 존재하는 진짜real이자 현실reality이다.

    이 책에는 작업 설명 외에 총 5개의 글이 수록되어 있다. 여기에는 AAPK 구성원 중 한 명이 쓴 에세이 외에, 하나의 인터뷰, 두 개의 번역문, 그리고 기고받은 에세이 하나가 포함된다. 인터뷰는 오스트리아 출신의 건축가 피터 트루머Peter Trummer와 함께하였다. 그는 현재 사물-기반 존재론을 바탕으로 활발하게 활동하는 건축가이며 그간의 강연에서 꾸준히 건축과 건물의 구별을 주장해왔다. 이번 인터뷰에서 그는 건축과 건물의 관계를 아주 쉬운 표현으로 설명해주며, 오늘날의 건축은 어디서 어떻게 생겨나는지에 관한 자신의 건축관인 *Zero Architecture*를 소개한다. 피터 트루머가 도시의 형태(또는 미학)를 하나의 독립적인 객체로 규정하는 접근에 있어서, 첫 번째 번역 글인 마이클 영Michael Young의 에세이는 이를 더 구체적으로 기존의 다른 접근법과 비교한다. 마이클 영은 건축이 세상을 대할 수 있는 방식을 세 종류 — 윤리, 인식론, 미학 — 로 구분하며, 오늘날의 시대적 상황에 왜 미학적 접근이 필요한지를 역설한다. 특히 여기서 윤리적 접근에 대한 그의 비판은 한국 기성 건축계의 지나친 윤리성 강조가 놓쳐온 부분들에 대하여 시사하는 바가 크다.

　　두 번째 번역문인 다미얀 요바노비치Damjan Jovanovic의 에세이는, 건축 디자인 매체의 사변적인 역사를 훑어보며, 오늘날의 디자인 소프트웨어가 가질 수 있는 고유의 가능성을 탐구한다. 그의 주장은, 아직 우리가 디자인 소프트웨어를 전통 매체의 모방으로밖에 대하지 않으며, 특히 BIM은 관리 도구일 뿐이며 새로운 것을 만들어내는 것이 아니라고 지적하는 지점에서 큰 공감을 불러일으킨다. 다미얀 요바노비치와 마이클 영의 주장은 공통적으로, 건축이 디자인과 에스테틱을 독립적인 가능성을 지닌 객체로 바라보기보다는, 무언가를 위한 도구 혹은 부차적인 것으로만 다뤄온 지점을 비판한다. 그리고 정해욱의 에세이는 이 책에 담긴 전체 맥락을 아우른다. 그는 외부자의 시선을 가미하여 동시대의 건축인들이 왜 그러한 활동을 펼치는지에 대한 배경을 분석하고 현황을 소개한다.

　　그리고 VR(가상 현실) 매체가 오늘날 건축에서 가지는 의미와 가능성에 대해 기고한 요한 베툼Johan Bettum의 에세이가 있다. 요한 베툼은 이미지, 주체, 그리고 가상 공간이라는 세 가지 프레임을 통해서 이 매체에 잠재된 디서플린의 실마리들을 추적한다. 이 글의 맥락은 자연스럽게 AAPK의 작업에 대한 설명으로 이어진다. AAPK의 네 작업은 앞서 살펴본 담론과 같은 연장선에 있으며 VR을 주요 매체로 활용한다. 그리고 각각 저마다의 영역에서 건축을 허구로 상정하고 그로 인해 생겨나는 공간을 찾아 나선다.

　　이 책을 기획하며 지속해서 고민해온 부분은 번역 문제이다. 서구 디서플린의 핵심적인 단어에 마땅한 한국어 대안이 존재하지 않았다. 번역되지 않는 것에는 단어뿐만 아니라 그에 담긴 개념과 문화적 태도까지 포함된다. 건축은 너무나 서구 중심의 문화적 실천이었다. 결국, 번역은 모든 것을 옮겨올 수 없었다. 따라서 이 책은 모든 것을 번역하지 않았다. 번역어가 있더라도 그것이 더 어색할 경우엔 영어를 병기하거나, 그조차 어색하면 영어 단어가 그대로 사용되었다. 모든 글이 한글과 영문으로 동시에 표기된 것도 의미의 추적이 가능하게 하기 위함이다. 그리고 인용 출처는 의도적으로 번역하지 않았다. AAPK는 독자들이 이 책에 담긴 내용보다도, 이 책을 통하여 지식의 출처에 다가가기를 바란다. 또한 이 책은 이미 결론이 난 아이디어를 수입하지 않는다. 대신, 태동하는 아이디어들을 소개하고 노출하는 것에 초점이 있다. 번역을 위해 선별된 글의 원본이 정식으로 출간된 단행본이 아니라 건축 학교 저널에 실린 짧은 글인 이유는 이 때문이다. 단행본으로 정리된 글보다는 잡지를 통하여 오가는 글이 훨씬 생생하고 유연하다.

    피터 트루머는 AAPK와의 인터뷰에서 이러한 논의에 '자신의 아이디어를 가지고' 참여하는 것이 바로 건축을 하는 것이라고 말했다. 이는 분명히 몹시 어렵고 값비싼 길이다. 모두가 그렇게 참여할 수도 없다. 그리고 모든 건축 관계자가 여기에 참여할 필요도 없다. 왜냐하면, 건축이 건물보다 우월한 개념이 아니기 때문이다. 하지만 한국에서 건물에 대한 논의에 비해 건축 자체에 대한 논의가 활발하지 못한 것은 사실이다. 이러한 현실에 있어서 AAPK의 활동과 책이 작게나마 보탬이 되길 희망한다.

    끝으로, 긴 여정을 함께 해온 AAPK 멤버 전원, 흔쾌히 참여에 응해준 세 분의 건축가들, 준비 과정에서 많은 도움을 준 요한 베툼, 책과 전시의 디자인을 맡아준 유명상 디자이너, 그리고 이 출판 활동을 세상에 소개해준 브리크 컴퍼니에게 감사를 드린다.

    정해욱 (AAPK)

Editorial

The publication of this book, *Architecture as Fabulated Reality*, marks the culmination of AAPK's 2020 exhibition Fabulated Reality, in which four experimental architectural projects were exhibited in Seoul. Based upon shared backgrounds and attitudes to contemporary architectural discourse, the four projects employed virtual reality technology (VR) as the primary medium through which to explore a new emerging sense of spatiality, fabulating and questioning the notion of reality.

Throughout this volume our contributors reveal their collective interest in the power of the image and in forms of reality, in medium specificity and digital technology, and in presentation and representation along disciplinary lines. AAPK here maintains one key premise: to regard the architectural discipline as a set of fabulated and fictitious ideas. In fact, the architectural discipline often adopts a bias, typical in Western culture, towards local outcomes. However, this is not meant in a negative sense; it is often the case that the more biased the approach, the more innovative the outcome. AAPK is committed to the exploration of autonomous aesthetic-spatial realms that can be accessed from within the discipline, regardless of the buildings or other physical forms onto which the discipline was once projected (to be real) in the past. AAPK believes that the 'virtual' is not synonymous with the fake, but is another version of the 'real'.

The book contains descriptions of each project, four critical essays and one interview, all of which reflect upon ideas advanced by AAPK. The first essay is authored by a member of AAPK, Haewook Jeong; Jeong traces the trajectory of contemporary architecture over time by linking historic meanings of modernism and formalism to our present digital conditions, while providing a discursive foundation for the following articles and projects. Two further contributions, by Johan Bettum and Peter Trummer, continue to probe the themes of the book: Bettum's essay examines the application of VR to architecture through three keywords—the image, the subject, and virtual space, which is followed by an interview with Peter Trummer who introduces his notion of 'Zero Architecture', distinguishing architecture from the building.

The book includes, for the Korean audience, translations of the two essays, originally published in Anglophone journals. First, Michael Young addresses three different architectural approaches to coping with images, and insists that architecture should embrace our image-driven culture in an aesthetic manner. Second, Damjan Jovanovic devises a speculative history for design mediums in architecture, and suggests that software specificity can engender an unprecedented aesthetic in architecture.

The four projects of AAPK follow: each of them has their own disciplinary concerns and offers their own interpretations of VR technology in terms of medium specificity, real-time imagery based on surveillance, choreographic design tools, engagement with perceptual dissonance, and contemporary urban conditions. Each project addresses a notion of reality in a different way: for instance, the reality of real-time cityscapes (*Real-Time Chamber*), the reality of architectural representation (*Saturated Space*), subjective reality (*Third Space*), and urban realities particularly in terms of their formal properties (*Patched City*).

AAPK wishes to thank all of our contributors: Peter Trummer, Michael Young, Damjan Jovanovic, and especially Johan Bettum.

Haewook Jeong (AAPK)

19	**건물을 떠난 여행의 시작: 오늘날 건축은 어디로 가는가** **Beyond Building: Following the Trajectory of Contemporary Architecture** — 정해욱 Haewook Jeong
74	**가상 현실의 지어낸 공간과 이야기들** **Spatial Fabulations and Other Tales in Virtual Reality** — 요한 베튬 Johan Bettum
106	**오늘날 건축을 만들어내는 것은 무엇인가** **What Makes Architecture Today** — 피터 트루머 인터뷰 Interview with Peter Trummer
131	**이미지 야생 지대의 불모지 관리하기** **The Wasteland Management of the Image Wilderness** — 마이클 영 Michael Young
155	**기계 속의 가든: 건축 매체에 관한 이야기** **The Garden in the Machine: a Story of Architectural Mediums** — 다미얀 요바노비치 Damjan Jovanovic
193	**가상-건축** **Fabulated Reality** — AAPK
203	**Real-Time Chamber** — 고수영 Suyoung Ko
230	**Saturated Space** — 오연주 Yeon Joo Oh
258	**Third Space** — 이수남 Soonam Lee
284	**Patched City** — 정해욱 Haewook Jeong

건물을 떠난 여행의 시작: 오늘날 건축은 어디로 가는가

정해욱

이 글은 건축이라는 단어의 사용을 르네상스 이후의 서구의 아카데미 기반 architecture에 대한 번역어로서의 의미로 한정한다. 이에 따라 번역어의 한자 자체가 독자적으로 내포하는 뜻—세우고 쌓다—으로 인해 한국 사회에서 확장되어 사용되는 의미는 최대한 배제한다.

건축과 건물의 관계

전통적으로 건축은 건물을 위해서 존재하지 않았다. 오히려 건축은 자신들의 이상을 위해 존재해주는 건물을 요구해왔다. 그 이상은 주로 형태에 관한 것이었다. 그 형태는 건물을 위한 것이 아니라, 자신들이 생각하는 관념적인 이상을 반영하는 것이었다. 그리고 이는 건물에 투영되었다. 즉, 건물은 건축이 원하는 대로 되어야만 했다. 또한, 그 건물은 사회의 모든 건물이 아니라 일부의 특권적 건물이었다. 이 관계는 건축과 건물 사이에 굉장히 수직적인 위계가 있음을 드러낸다. 이렇게 건축이 건물에 선행하여 존재할 수 있었던 이유는 역설적으로 해당 사회에서 건물을 짓는 기술과 인프라가 발달하였기 때문이었다. 건축은 발전된 '건물 짓는 기술-문화'를 바탕으로 피는 꽃이다. 그래서 건축은 메타적인 성질을 지닌 독특한 문화이자 장르이다. 그리고 건축의 입장에서 건물은 건축적 실험을 위한 도구에 지나지 않았다.

이 수직적인 관계는 오늘날의 입장에서 다소 전근대적이라 볼 수 있다. 왜냐하면, 이는 현실 또는 세속에 선행하는 이상적 관념이 존재한다는 세계관을 바탕으로 하기 때문이다. 오늘날에 건축을 제외한 대부분의 디자이너는 관념적 이상을 꽂아 넣는 방식으로 무언가를 디자인하지 않는다. 오히려 이들 중 일부는 대상을 다듬는 과정을 반복함으로써 대상 속에 담긴 이상에 다다르려고 하는 것 같다. 하지만 건축의 전근대적 태도는 아직도 건축가들의 무의식에 남아 그들이 세상을 대하는 태도와 작업을 하는 방식에 영향을 끼치고 있다. 일례로, 유명 건축가들이 글을 통해 데뷔하고 유명세를 얻은 뒤, 이를 바탕으로 드로잉을 생산하고 다시 그것을 건물에 투영해오던 구조적 관행들이 이를 방증한다. 이는 어디에도 없는 건축만의 독특한 문화적 관습이다. 그래서 지금도 많은 건축가들은 건물과 상관없이 동시대의 이상향 혹은 사유의 대상을 찾아 나선다. 그리고 이는 오늘날에 와서 형태를 초월하였고 건물마저 아득히 넘어섰다. 이것은 건축의 탈선일까, 아니면 새로운 제자리를 찾은 것일까?

모더니즘 — 건축의 새로운 둥지: 매스미디어

건축과 건물은 구분이 가능하다. 좀 더 구체적으로 말하자면, '건물을 잘 짓는 일'과 '건물을 잘 디자인하는 일'과 '건축' 이 셋은 가까운 친척 관계인 별개의 프로페셔널이다. 특히 두 번째와 세 번째가 별개인 이유는, 건축은 '건물을 디자인하는 행위' 뒷면에 추가적인 맥락을 담고서, 이 부가적 영역에 본질을 두기 때문이다. 그런데 왜 많은 사람이, 또한 일부 건축계 종사자들이 이 모든 것을 한 몸으로 인식하는 것일까? 이 오해는 앞서 말한 세 가지가 통합되는 모양새를 띠었던 모더니즘과 깊은 연관이 있다. 하지만 모더니즘에서도 전통적 건축의 특성 — 아이디어를 먼저 쌓고 건물에 투영해보는 구조, 즉 건물과 관계하는 방식 — 은 달라진 적이 없었다. 오히려 이것은 더 심화하였다.

모더니즘은 건축이 소수의 빌딩에서 다수의 빌딩으로 관심사를 이전했던 몇 안 되는 예외적인 사례이다. 관심사가 이전되었던 이유는 산업화 및 기계적 기술 발전 이후 급격하게 변화하는 사회상에 대한 대응이 필요했기 때문이다. 이는 건축만의 현상이 아니었다. 해당 시대의 엘리트는 새로운 기술과 관념을 바탕으로 대중들 삶의 모습 자체를 새롭게 설계했다. 모더니즘의 건축 실험은 이에 포함되는 활동이었다. 당시의 기계적 태도에 기반한 삶의 모습은 새롭게 분화된 많은 기능을 낳았는데, 누군가는 이를 실제 물질 — 이를테면 공간과 건물 — 과 새로운 에스테틱으로 번역해야 했다. 이런 경위로, 건축은 다수의 대중에게 통용되는 보통 건물에 거의 최초로 건축적 실험을 투영했다. 새로운 방식의 주거, 병원, 도시 형식 등은 그렇게 출발한 것이다. 이는 철저한 계몽주의적 접근이었다.

여기서 건축의 주된 관심사는 새롭게 펼쳐질 시대를 향해 '무언가의 씨앗을 뿌리는 행위' 그 자체에 있었다. 사람들은 모더니즘 건축을 해당 시기에 주요 건축가들이 지은 건물을 통해 주로 접근한다. 하지만 해당 구조물이 지어지기까지의 경위를 추적하다 보면, 정작 건물은 건축계의 모더니즘 활동 중 말단에 불과하다는 사실을 알 수 있다. 실제로 당시 모더니즘은 건물을 통해 증명되지 않았다. 왜냐하면 모더니즘-건축은 모더니즘-건물 이전에 먼저 주어졌기 때문이다. 오히려 건물을 짓는 행위는 다른 매체를 통해 벌어진 헤게모니 쟁탈전에서 승리한 자에게 주어지는 전리품 같은 것이었다.[1] 우리가 아는 주요 모더니스트 건축가들은 이러한 속성을 일찌감치 파악하고 이에 충실했었다. 그래서 그들은 건물 등의 리얼리티로 발현될 가능성을 지닌 콘텐츠를 제시하는 것 자체에 공을 들였다. 그 내용은 주로 에스테틱에 기반한 아이디어를 담아냈다. 이는 뿌려진 씨앗을 잘 길러내는 행위보다는 씨앗을 뿌리는 행위에 초점을 둔다.

베아트리츠 콜로미나는 이러한 '씨앗을 뿌리는 행위'를 '메니페스토'라고 칭한다.[2] 그녀의 책 *Manifesto Architecture*에 따르면 아돌프 로스, 르 코르뷔지에 그리고 미스 반 데어 로에 이 세 명의 핵심 모더니스트 건축가들은 모두 건물을 짓기 전에 자신의 글을 통하여 먼저 유명해졌다.[3] 그들은 시대에 대응하는 건축적 주장을 글로 먼저 썼다. 발달한 매스미디어는 그들의 주장을 다수의 사람들에게 전달하였고, 이는 여론을 형성하였다. 건축적 아이디어가 관념적 속성에도 불구하고, 청중 속으로 퍼져나간 그 자체만으로 영향력을 지닌 실체가 된 것이다. 이들은 이것이 매스미디어 시대의 건축가에게 가장 중요한 과제가 되었음을 이미 잘 알고 있었다. 그래서 코르뷔지에와 미스는 본격적으로 등단하기에 앞서, 이전의 자신과 모더니스트로서의 자신을 분리하기 위해 이름도 새로 지었다.[4] 그들은 건물이 지어지기 한참 전에, 심지어 그것이 이미지로 존재하기 이전부터 자신의 건축을 구체화하여 사람들의 머릿속에 심어주고자 최선을 다했다. 이후 세 건축가의 글이 평단에서 유명해지자, 그들이 만든 이미지도 세상으로 퍼져나갔다. 이후 이들은 호응하는 사람들의 부름을 받아 앞서 퍼트린 아이디어를 투영하는 건물을 그려냈다. 이에 비추어 보면, 모더니즘 건축의 메니페스토에서 건물로 마무리된 프로젝트들은 마무리 단계이자 일부분에 불과했다.

이러한 맥락에서, 모더니즘이 시사하는 바는 "장식과 죄악" 또는 "형태는 기능을 따른다" 같은 슬로건이 아니다. 어차피 모든 잣대가 상대적으로 존재하는 현시대에서 이들은 하나의 선택지에 불과하다. 대신에 모더니즘의 교훈은, 그동안 건물로 투영되지 않고는 실존하기 어려웠던 건축이 글과 이미지 등에 기반한 매스미디어 자체로 실존을 증명하기 시작했다는 점에 있다. 이는 매스미디어가 가진 독특한 힘으로 인해 가능해졌다. 매스미디어는 물질적 실체 없이도, 관념들을 구름처럼 집결시켜 영향력을 가지고 실존할 수 있게 한다. 따라서 건축가는 건물을 짓지 않아도, 글과 드로잉 그리고 이미지를 통해 실존하기 시작했다. 건축의 둥지가 건물에서 미디어로 옮겨간 것이다. 건축가는 건물을 통해 건물의 이용자를 상대하는 것이 아니라, 매스미디어를 통해 여론 자체를 상대하기 시작했다. 그리고 후자를 잘 다루는 것으로 건축가의 전문 영역이 옮겨갔다. 미스가 대표적인 사례이다. 베아트리츠는 미스가 모더니티를 획득한 지점이 그가 쓴 새로운 재료가 아니라, 퍼블리케이션과 콤페티션과 전시회 등의 매스미디어를 통하여 실존한 것에 있다고 지적한다.[5] 그가 모더니즘을 대표하는 평판을 갖게 된 것도 전적으로 후자에 기인한다. 여기서 건물이 떠나간 헛헛함은 가끔 파빌리온이 채운다. 그리고 건축이 미디어를 통해 실존을 획득하는 경향은 이후에 더욱 심화한다. 이는 20세기 후반 스타 건축가들의 대부분이 이와 같은 기반에서 탄생한 지점을 통해 잘 드러난다.

> 건축가들의 모더니즘 실험 후에, '대중을 위한 건물을 잘 짓는 영역'은 획기적으로 발전하여 고유의 전문분야를 형성하였다. 그러나 이는 더 이상 건축의 주된 관심 또는 전문분야가 아니다. 이는 건축이 낳은 자식은 맞으나, 자체적 내용을 갖는 독립적인 객체가 되었기 때문이다. 이 분야는 건축가보다 더 뛰어난 전문가와 시스템이 별도로 존재한다. 없다면 해당 사회가 별도로 잘 만들어야 한다. 왜냐하면, 현재의 인류는 자신들의 생활을 위해 잘 만들어진 정크스페이스를 필요로 하기 때문이다. 대신 건축의 관심사이자 건축이 잘하는 것은 변화하는 세상에 맞춰 새로운 씨앗을 뿌리는 데에 있다. 건축은

그래서 다시 자기 자리로 돌아와 생각의 씨앗을 뿌릴 새로운 영역을 찾아 헤맨다. 그것이 자신의 주된 역할이기 때문이다. 모더니즘 이후의 건축 사조는 이러한 흐름으로 이해될 수 있다.

포멀리즘 — 건축의 새로운 존재 방식

건축이 미디어로 둥지를 튼 맥락에서 우리는 포멀리즘의 의미를 되짚을 필요가 있다. 왜냐하면, 이들을 연결 지어서 바라보면 현대 건축이 처한 상황과 나아가고자 하는 방향을 좀 더 명확히 그려볼 수 있기 때문이다. 그렇다면 포멀리즘은 무엇인가? 우선 포멀리즘은 건축만이 갖는 개념은 아니다. 이는 마치 모더니즘과 포스트모더니즘 등의 많은 사조가 건축뿐만 아니라 다양한 분야에 걸쳐서 존재하는 것과 같다. 그리고 이들이 같은 줄기를 공유하되 다양한 맥락으로 변형되어 발전하는 것처럼 포멀리즘 또한 같은 양상을 갖는다.

포멀리즘의 핵심은 자율적인 형식 체계의 성립만으로 그것의 실존을 인정하는 것이다.[6] 이에 관하여 가장 좋은 예시는 수학에서의 '무한' 개념이다. 힐베르트의 무한 호텔 역설은 현실에서 존재할 수 없는 '무한'이라는 개념이 수학적 논리 체계 안에서 성립할 수 있음을 증명했다. 이후 수학에서는, 관념적인 성질 등으로 인해 현실에서 존재할 수 없는 개념이더라도, 해당 개념이 수학 내부의 자체적 논리 체계에 들어맞으면 그 안에서 실존할 수 있게 되었다. 이를 명제로 정리하자면 다음과 같다. 어떤 체계가 내부적인 일관성이 충분하다면 그것은 외부 세계와 상관없이 그 자체로 실존한다. 이는 하나의 구체적인 세계관 형성에 큰 영향을 끼치는데, 그것은 모든 분야와 체계를 서로 상대화하여 존재를 긍정하는 것이다. 이는 자연스럽게 플랫-온톨로지로 이어지는 교두보가 된다.

이쯤에서 이 단어의 한국어 의미를 살펴보자. 사실 포멀리즘은 한국에서 '형식주의'로 번역되어 사용된다. 하지만 이 글에서 굳이 포멀리즘으로 지칭한 것은 건축에서 형식주의라는 단어가 의미를 정확하게 전달하지 못하는 지점이 있기 때문이다. 포멀리즘formalism은 form에 대한 ism이다. 다시 말해 form에 관한 것이다. 건축에서 이 단어는 주로 형태를 지칭할 때 쓰이는데, 이것은 한국어의 '형태'와는 의미가 조금 다르다. form은 형태와 형식을 둘 다 포함한다. 따라서 이 단어의 뉘앙스는 '내부적 질서를 담고 있는 (관념적) 형태'에 가깝다. 그래서 이는 형태이기도 하지만 형식이기도 하고, shape(모양)과는 의미가 다르며, formula(공식)라는 단어와는 오히려 가까운 것이다. 그리고 form의 형태적 의미는 타 분야보다 건축에서 유독 많이 쓰인다. 따라서 포멀리즘을 형식주의라고 번역하게 되면, 다른 분야에선 괜찮을지 몰라도 건축에서는 형태적 뉘앙스가 실종되어버린다.

다시 서구 건축인의 입장으로 돌아가 보자. 참고로 건축에는 관념을 형태로 직역해보는 다소 단순하고 용감한 구석이 있다. 대표적으로 들뢰즈의 '주름' 철학을 말 그대로 주름진 형태로 직역했던 전례가 있다.[7] 어찌 보면 유치한 이 습속은 form이라는 한 단어가 관념적 아이디어와 가시적 형태를 둘 다 동시에 지칭하기 때문에 생기는 독특한 현상으로 보인다. 그래서인지 포멀리즘도 건축으로 넘어오면서 건축물의 형태 자체에서 내부적 질서를 찾는 시도로 축소되었다. 초기 포멀리스트들은 형태를 초월한 영역에서 자율적인 지식 체계를 탐구하기 보다는, 자신들의 역사에서 주요한 건축적 요소들을 끌어온 뒤 그 안에서만 통용되는 조형적 질서 — 비율과 구성 논리 등 — 를 찾아 나섰다.

사실 이러한 축소-적용은, 형태의 질서를 추구해오던 전통-건축적 태도를 가진 입장에서는 필연적인 시도였던 것 같다. 왜냐하면, 유럽의 전통적인 건축 교육은 그들이 의미 있다고 믿는 특정 조형의 반복 재생산을 통해, 그 안에 담긴 파르티(parti, 번역하자면 형태 속의 정수이자 진리)를 이해하고 전수하는 데에 중점을 두었기 때문이다.[8] 이것은 에꼴 데 보자르 교육 시스템의 근간이자 전통 건축의 디서플린이었다. 그런데 모더니즘은 이 모든 것을 무너뜨리고 백지화하려는 듯했다. 하지만 모더니즘의 유토피아가 곧 실패를 선언하면서, 이는 전통적 교육을 받은 건축인에게서 자신들이 배웠던 과거의 질서로 되돌아가고자 하는 경향을 이끌어낸다.[9] 이들은 모더니즘을 전통적 질서의 연장선에 존재하는 건축 실험으로 간주함으로써 기존의 디서플린으로 귀속시키고 싶어 했다. 콜린 로우가 *The Mathematics of the Ideal Villa* 에세이를 통해서 르 코르뷔지에와 팔라디오를 엮은 것은 이러한 태도를 기반으로 한다.

그러나 문제는 20세기 중반의 포멀리즘이 다소 억지스러웠다는

것에 있다. 콜린 로우가 포멀리즘적 관점을 통해 모더니즘을 그간의
건축 역사에 포함하려고 한 시도는 좋았으나, 둘 사이의 형태적 연관성을
규명해나가는 구체적 논거는 억지스럽고 설득력이 거의 없었다.
이후에도 일부 포멀리스트들은 자신들의 역사에 등장했던 건축 요소에만
관심을 두고 특히 여기서도 조형에 숨겨진 질서를 찾는 데만 천착했다.[10]
최근 포멀리스트들의 포셰poché에 대한 집착이 대표적이다. 이러한
점들은 포멀리즘이 동시대적 맥락과 외부와의 공감대를 잃어버렸다는
비판을 만들었다. 특히 서구 건축 내부의 논리 안에서만 순환하는
특성으로 인해, 포멀리즘은 한국 건축계에서 더욱 공감을 얻지 못하고
관심을 받지 못했다.[11]

그렇다고 하여 우리가 포멀리즘을 무용하다고 판단해서는 안 된다.
왜냐하면, 포멀리즘의 가치는 건축계에서 시도했던 내용 안에 있는 것이
아니라, 포멀리즘적 접근 그 자체에 있기 때문이다. 포멀리즘은 건축이
그 세부적 내용이야 어찌 되었건 간에, 자율적 형식 체계로 독립적 실존이
가능하다는 비전을 제시한다. 즉, 건축은 외부의 요소와는 아무 상관 없이
건축 그 자체로 존재한다. 여기까지만 보면 포멀리즘은 이상적이긴 하나
다소 뜬구름처럼 비칠 수 있다. 하지만 이는 모든 영역들이 상대적이고
동등한 관계를 맺는 오늘날 특유의 존재론적인 관점에 대응할 수 있는
바탕이 된다. 또한 건축이 자신의 전통적 매체, 예를 들어 드로잉 및 건물
등과 맺던 관계가 어떻게 허물어지든 간에 건축은 건축으로서 존재할 수
있게 된다. 테크놀로지의 발전과 미디어 환경의 변화는 이러한 경향을
가속시킨다. 이 와중에 건축은 벌써부터 100년 전 모더니즘 시기에
비물질의 미디어로 존재의 둥지를 옮겼다. 건축이 건물 등의 물리적 실체가
아닌 관념적 체계 그 자체로 이미 존재하기 시작한 것이다. 그리고 오늘날,
가상 현실과 실제 현실 혹은 자연물과 인공물 등의 모든 시스템들이
동등하게 실존하는 시대가 왔다. 포멀리즘은 건축이 이에 대응할 바탕을
다져주었다.

변화하는 바탕: 이미지와 리얼리티
포멀리즘의 교훈은 다음과 같다. 어떤 체계가 내부적 일관성이 충분하다면,
그것은 외부적 세계와 상관없이 그 자체로 실존한다. 다시 말해, 자기

지시성은 자기 존재를 스스로 증명한다. 여기에는 가까운 예시가 있다. 바로 금본위 제도가 폐지된 이후에도 실존하는 달러-화폐 시스템이다. 금이 보장하지 않는 화폐의 실체는 화폐 시스템 그 자체에 있다. 그나마 달러는 국가가 이를 간접적으로 보증하지만, 오늘날의 암호화폐는 한술 더 뜬다. 암호화폐에는 국가와 같은 보증 기관이 없다. 이는 조금의 절대성도 암시하지 않은 채 상대적으로 입증되며 존재한다. 이는 오늘날 객체들의 존재 방식을 잘 보여준다. 그렇다면 가상 화폐는 진짜 돈인가? 그렇다. 오늘날은 무엇이 진짜real인가라는 질문을 했을 때 모든 것이 진짜real가 가능한 세상이다. 물론 모든 것이 다 진짜가 되어버리면 진짜의 의미 자체가 퇴색되어 버려, 모든 것이 진짜 비스무리한 '진짜도 가짜도 아닌 무언가'가 되어버린다. 하지만 그렇다고 해서 돌이킬 수 있는 것은 없다. 왜냐하면, 이제 와서 '진짜-진짜'를 되찾는 것은 불가능하기 때문이다. 우리는 장 보드리야르가 지적한 시뮬라시옹의 이후를 살고 있다.

모든 것이 진짜가 된다는 것의 다른 말은, 다양한 가치 체계 사이의 위계가 사라진다는 뜻이다. 특히 물리적 실체가 있는 것과 물리적 실체가 없는 것 사이의 위계가 사라진다. 전자만 진짜가 아니고 둘 다 똑같이 중요하다는 의미이다. 이것은 건축에서 무엇을 변화시킬까? 쉬운 예시를 들어보겠다. 만약 누군가가 디자인한 어느 공간이 인스타그램 용 사진에는 멋지게 잘 담기는데 실제로는 별로라고 가정해보자. 분명 몇 해 전까지만 해도 이 공간은 얄팍함의 대명사로 비판의 도마 위에 올랐을 것이다. 하지만 이제는 아니다. '실제로 좋은 공간'과 '이미지로 좋은 공간'은 동등하게 가치 있는 영역이 되었다. 그저 둘의 존재 영역과 방식이 다를 뿐이다. 오히려 영향력은 후자가 더 압도적이다. 오늘날은 발전된 미디어를 바탕으로 실존-체계가 다양하고 동등하게 제각각 존재한다. 그래서 하나의 건축물은 물리적으로는 하나이지만 존재 방식은 여러 가지가 될 수 있다. 이는 물질적 설계를 건축의 일부분으로 축소하며, 다른 측면에 대한 전문성을 건축가에게 요구한다.

이에 더하여 자연적으로 있던 것과 인공적으로 덧대어진 것 사이의 위계도 사라진다. 이는 자연nature의 의미가 달라진 것과 연관이 있다. 산업화는 지구상 대부분을 공업으로 생산된 인공물로 뒤덮었고, 이것은 지워지지 않는 레이어가 되었다. 이는 현시대에 선택권 없이 주어진 것이다.

따라서 이는 있는 그대로의 것, 즉 자연이다. 예를 들어, 정크스페이스는 그 자체로 인공-자연이다. 이것이 자연이 아니라고 반박하는 심리는 이전의 자연에 대한 고정관념에서 비롯되었을 것이다. 하지만 그런 자연의 이미지들은 애초부터 거짓이었다. 왜냐하면 우리가 틀에 박혀 떠올리는 그 이미지들은 특정 문화와 권력이 만들어낸 허상이기 때문이다. 이는 가공된 것이고 인공적 성질을 지닌다. 즉, 순수-자연은 존재하지 않는다. 게다가 이미 인간은 순수 자연적으로 존재할 수 없는 객체가 되었다. 이러한 사실들은 '자연스러움'에 대한 정의를 변화시킨다. 기존의 '자연'은 상대적인 여러 선택지 중 하나로 전락한다. 그래서 이것은 리얼리티와 에스테틱에 대한 근본적인 질문으로 이어진다.

이 와중에 우리는 이미지로 포화된 시대를 살아간다. 우리가 흡수하는 정보의 대부분은 실제를 체험하는 것보다는 이미지를 통해서 간접적으로 얻어진다. 그런데 모든 이미지는 누군가의 의도에 의해 편집되고 가공된 것들이다. 따라서 어떠한 리얼리티도 담보하지 않는다. 또한 이미지는 특정 영역을 공간에서 따로 분리하여 압착-박제하는 과정을 통해 공간과 시간을 포함한 모든 물리적인 맥락을 소거한다. 따라서 사람들이 이를 통해 정보를 축적하고 재생산하면, 기존 현실에서는 존재하지 않던 새로운 내러티브들이 형성된다. 그리고 이미지의 방대한 양은 그 안에서 자기-지시성을 형성하여 그 자체로 실존하게 만들어버린다. 이로 인해 동시대의 모든 객체는 이미지로 변환-가공되어 또 다른 차원에서 실존한다. 그리고 이것은 앞서 말했듯, 가짜가 아니라 동등하게 가치 있는 또 다른 현실이다. 여기서 건축은 자극적이지만 진위는 알 수 없는 건축 이미지의 범람 속에서 길을 잃는다. 게다가 오늘날 인간이 공간을 경험하는 일은 이미지를 흡수하고 재구성하는 일로 치환되었다. 이는 리얼리티의 혼재를 야기하며 건축에게 두 가지 숙제를 준다. 첫째, 이미지 시대가 변화시키고 창조해내는 가치 체계를 어떻게 포용하고 대응할 것인가? 둘째, 건축은 그 안에서 어떤 방식으로 존재할 것인가?

그렇다면 건축 혹은 건축가는 여기서 무엇을 할 수 있는가? 앞서 건축의 주된 관심사는 미래를 향해 '씨앗을 뿌리는 행위'로 비유하였다. 즉, 건축의 역할은 변화하는 미래상에 대한 새로운 틀을 제시하는 것이다. 여기서 틀은 주로 모양새에 관한 것이었다. 가장 단순한 사례가

'미래의 건물은 이렇게 생겨야 해' 또는 '미래의 도시는 이렇게 생겨야 해' 등이다. 이를 위해 건축가는 존재하지 않는 대상을 최대한 설득력 있게 제시하는 것에 최선을 다해왔다. 이를 위한 핵심 매체가 바로 드로잉(과 렌더링)이었다. 이를 다른 말로 바꾸면, 건축가는 앞으로 존재할 리얼리티를 이미지를 통해 제시하는 일을 해왔다. 즉, 리얼리티와 이미지는 건축가들이 오래전부터 다뤄오던 그들의 전문분야였다. 그러나 오늘날 달라진 것이 있다면, 이미지는 실물(건물)에 투영되지 않아도 그 자체로 독립적으로 실존하는 존재 양식이 되었으며, 리얼리티는 그 자체가 하나의 시대적 숙제가 되어버렸다. 그리고 사람들은 사실상 이미지 안에서 거주한다. 그래서 오늘날의 건축가들은 그동안의 매개체였던 건물을 떠나서, 그들이 본래 다뤄왔던 '이미지'와 '리얼리티'에 정면으로 맞서게 된다.

파라메트리시즘 비판 1: 그들의 거짓말

이즘에서 파라메트리시즘의 모순을 짚고 넘어가자. 파라메트리시즘은 자체 논리의 심각한 결함으로 인해 오늘날 컨템포러리 건축계에서 많은 비판을 받고 있다. 그리고 그 주된 비판 대상은 자기도 모르게 주장했던 그들의 거짓말이다. 그들은 들뢰즈의 생성적 철학을 바탕으로, 디지털 테크놀로지의 자가-생성적 메커니즘이 결국에는 순수-자연의 형태 메커니즘을 닮게 될 수밖에 없다는 운명론적인 주장을 펼쳤다. 이를 기반으로 디지털 알고리즘을 통해 유기적 형태의 결과값을 얻어낸 뒤, 이를 디지털 시대에서 건축이 가야 하는 방향으로 받아들였다. 하지만 사실 이들이 제시하는 알고리즘 테크놀로지와 유기적 형태는 서로 상관이 없으며 그저 누군가의 상상에 의해 인위적으로 짜 맞춰진 조합이었다. 여기서 전자는 시대적으로 주어지는 도구이며, 후자는 개인의 에스테틱 패티시다. 정리하자면, 누군가 자신의 미적 취향을 쫓기 위해 주어진 상황을 알리바이로 둘러댄 것이다. 필연으로 포장된 것들이 실제로는 자의적 결과였다. 그래서 실제로 그들이 한 행위는 해당 알고리즘의 거의 모든 단계에서 결과가 특정되게끔 끊임없이 개입하고 방향을 선택하는 것이었다. 하지만 그들은 이것을 새로운 철학과 테크놀로지가 데려다주는 피할 수 없는 결과처럼 포장했다. 그리고 심지어 일부는 자신들의 결과물이 스스로의 선택에서 비롯되었다는 사실을 인지하지 못했다. 이들은 도대체 왜 이렇게 착각하거나 혹은 둘러댔던 것일까?

사실 이러한 경향은 '운명론적인 형태론'으로 요약할 수 있다. 이는 디자인의 알리바이를 '어쩔 수 없이 그렇게 할 수밖에 없는' 상황으로 가장하는 것이다. 이것은 건축 역사에서 파라메트리시즘만 해당하는 것은 아니다. 건축은 자신들이 창조하는 형태에 언제나 정답 같은 알리바이를 부여해야 했기에, 늘 이러한 유혹에 시달려왔다. 그러지 않고서는 자신들의 행위에 권위와 설득력이 쉽사리 얻어지지 않기 때문이다. 사실 형태에는 어떠한 정답도 과학도 없다. 이는 아름다움이 하나로 요약되지 않는 것과 같다. 하지만 건축은 거대한 자본과 수많은 사람의 동의를 얻어 반영구적으로 존속하는 대형 구조물의 형태를 결정해야 했다. 따라서 건축가는 표면적으로 탓을 돌릴 무언가가 끊임없이 필요했다. 그것은 타인을 설득시키기 위한 것뿐만 아니라 자기 자신을 설득시키기 위함이기도 했다. 이러한 상황에서 절대성을 추구하는 것은 나약한 인간의 자연스러운 본능이다. 특히 이러한 경향은 자신들이 제어할 수 없는 대상을 만났을 때 강해진다. 여기서 우리는, 파라메트리시즘이 후기구조주의 철학과 디지털 기술의 발전 등, 패러다임의 근간이 흔들리는 시대에 대응했어야 함에 주목할 필요가 있다.

'운명론적인 형태론'의 자매품으로는 모더니즘이 있다. 사실 모더니즘이야말로 기계화, 산업화 그리고 전후 상황에 맞서 대응해야 하는 절박한 신세였다. 특히 당시 건축가들은 과학의 발전에 맞서서 과학에 뒤지지 않는 건축 알리바이를 갖추고 싶어 했다. "장식과 죄악" 혹은 "형태는 기능을 따른다"와 같은 명제는 이러한 맥락을 바탕으로 하는 운명론의 대표 사례이다. 얼마 지나지 않아 로버트 벤추리가 역설했지만, 건축에서 형태가 기능을 따를 필요는 전혀 없었다. 기능은 다양한 형태에서 똑같이 존재할 수 있다. 하지만 모더니스트들은, 이면적으로는 자신들의 에스테틱 스타일을 추구해 놓고서, 그 형태가 '기능을 따르다 보니 생긴 결과'로 읽히길 희망했다. 이 명제의 유령은 지금까지 남아서 건축인들의 시야를 가린다. 그래도 이는 르 코르뷔지에의 모듈러가 갖는 허무맹랑함에 비하면 양호하다. 로빈 에반스는 그의 책 *The Projective Cast*에서 모듈러의 허구성과 이것이 사실은 코르뷔지에의 조형 욕망을 위한 핑계였음을 지적한 바 있다.[12] 황금 비율은 언급할 가치도 없는 오류이다. 모더니즘뿐만 아니라, 포스트모던 이후의 다른 건축 실험도 마찬가지다. 일례로, 땅이 시키는 건축 같은 것은 없다. 이 모든 것은 창작자가 자신의 조형 욕망을 설득시키기 위함이거나, 자신조차 무엇을 해야 할지 모를 때 의지하는 핑계이다. 오늘날 우리는 형태가 어떠한 운명도 따를 필요 없음을 직시해야 한다. 그리고 건축가는 그냥 그런 형태가 만들고 싶었음에 솔직해져야 한다.

물론, 운명론적인 관점은 새로운 사조가 전례 없던 영역으로 도약하는 데에 지대한 공을 세운다. 왜냐하면 이는 과몰입된 만큼 강한 힘을 발휘하기 때문이다. 그러나 절대성이 커지면 그만큼 모순도 커진다. 따라서 적절히 무르익으면 그 과정이 악화시킨 모순과 부작용에 대한 성찰이 필요해진다. 파라메트리시즘에 대한 비판은 이러한 맥락 위에 있다. 그리고 이는 다음의 두 질문으로 이어질 수 있다. 조형 욕망과 알리바이의 도치는 어떤 부작용을 낳았는가? 적절한 비판 없이 접근했던 비정형-유기적 에스테틱은 무엇이 문제인가?

파라메트리시즘 비판 2: 매체와 에스테틱

잠시 주제를 되돌려 건축의 업역에 관하여 짚어보자. 앞에서 언급했듯이, 건축은 '건물을 디자인하는 행위' 뒷면에 추가적인 맥락을 두고 이를 주로 탐구해왔다. 따라서 아이디어가 건물의 구현까지 다다르는 과정에서, 건축가가 혼자서 할 수 있는 것은 아무것도 없었다. 이 과정은 늘 협력이 있어야 했다. 그리고 이러한 경향은 오늘날 더욱 심화하였다. 그렇다면 수많은 분야와의 협력 속에 건축가만이 제공할 수 있는 전문성은 무엇일까? 비트루비우스는 건축의 세 가지 요소를 기능 utilitas, 구조 firmitas, 미 venustas로 정의한 바가 있다.[13] 그렇다면 이 셋 중에서, 이웃 분야와 대비했을 때 건축은 무엇에 우위를 가지는가? 그것은 바로 '미 venustas'이다. 가까운 말로 바꾸면 에스테틱이다. 구조와 기능에 대한 전문성은 공학의 발전을 통해 이웃으로 옮겨갔지만, 건물의 에스테틱에 대한 전문성은 다른 어떤 분야로도 대체될 수 없다. 그러므로, 원론적으로 본다면, 다른 분야와의 협력 속에서 건축이 우선하여 갖춰야 하는 전문성은 자신들이 제공하는 에스테틱에 대한 정확한 이해일 것이다.

또한, 이는 과거에 비해 더욱 중요해졌다. 왜냐하면, 건축가가 하는 일이 이미지 자체를 제공하는 일로 축소 — 그러나 다른 의미로는 확장 — 되었기 때문이다. 이는 건축뿐만이 아니다. 오늘날 거의 모든 분야의 디자이너는 자기 본래의 매체와 상관없이 이미지를 제공하는 일을 하고 있다. 분야를 막론하고, 과거에는 에스테틱이 물리적인 제약으로 인해 독립적인 선택지로 존재하지 않았다. 이에 따라, 각 디자인 분야는 자기 매체의 제약사항을 숙지하는 것만으로도 자신의 전문성을 입증할 수 있었다. 제약사항이 곧 에스테틱의 적용 가능 범위였기 때문이다. (낮은 단계의 사례로는 소프트웨어의 사용 능력만으로 전문성을 입증하던 경우가 있다. 캐드 할 줄 아니?) 그러나 오늘날은 기술의 발전으로 제약의 문턱이 매우 낮아졌다. 그리고 매체의 무게가 사라지면서 에스테틱은 이미지 그 자체가 되었다. 그리하여 누구나 그럴싸한 것들을 쏟아낼 수 있는 시대가 되었다. 따라서 낮아진 문턱을 넘나들고 또 범람하는 각종 이미지 언어들을 통제하는 일로 디자이너의 주된 역할이 옮겨갔다. 이는 이미지에 담긴 다양한 에스테틱들의 속성들을 파악하고 필요에 따라 적절한 선택을 할 수 있는 능력을 창작자에게 요구한다.

이러한 맥락으로 에스테틱은 현대 건축의 주된 관심사가 된다. 특히 전통적 매체가 가진 제약으로부터의 해방은, 에스테틱을 매체로부터 분리된 고유의 대상으로 만들어주었다. 매체 특정성에 관한 성찰은 이를 더욱 분명히 한다. 이전에는 특정 매체 고유의 특성으로 인해 생겨나는 특유의 에스테틱은 하나의 운명처럼 간주되었다. 예를 들어, 건축 설계에서 종이 위 필사를 통한 도면 작성이 전부였을 때는, 무의식중에 종이를 통해 표현이 잘 되는 형태가 건물 전반에 묻어났다.[14] 설계 방식에 다른 대안이 없을 때는 이 제약이 객관적으로 인지되지 못한다. 따라서 해당 형식들은 별다른 비판 없이 당연하게 존재했다. 그러나 매체 특정성의 관점은 이를 상대화한다. 그리고 기존의 관행들이 운명이 아니라 하나의 특이한 굴절이었음을 보여준다. 그러므로 매체 특정성이 객관화되면, 에스테틱의 원형과 매체의 제약, 그리고 이로 인해 굴절된 결과물, 이 세 가지가 모두 상대화된다. 그리고 이들이 구분되지 않던 과정에서 스테레오타입으로 굳어졌던 스타일들은 모두 해체의 대상이 된다. (오늘날의 건축에서 매체 특정성에 대한 탐구는 이런 해체를 바탕으로 다시 굴절 그 자체를 파헤치는 것이다.) 따라서 오늘날의 창작자는 자신이 원래 무엇을 하고 싶었고, 매체는 여기에 어떤 편견을 더하는지를 분별하고 있어야 한다. 매체의 관성에 매몰되는 것이 아니라, 그것을 에스테틱을 위한 하나의 선택지로 활용할 줄 아는 능력이 필요하다. 이것은 이미지를 선별 및 제공하는 행위의 주요한 기반이 된다.

건축인들의 관심사가 에스테틱 자체를 비판적으로 파고들어야 하는 바로 이 시점에서, 파라메트리시즘은 자신들의 행위를 테크놀로지가 가져다준 것으로 포장하고 그렇게 믿었다. 하지만 동시에 그들은 특정 부류의 비정형-유기적 스타일만 쏟아내었다. 이 결과물은 모든 과정에서 스스로가 변수들을 다듬고 선택함으로써 얻은 것들이지만 그들은 아니라고 했다. 예를 들어, 그들은 보로노이의 실체가 분열되는 세포의 구성 원리를 닮은 형태 발생 과정에 있다고 했지만, 사실 그것은 디자이너가 그 안에서 점을 직접 마음에 드는 위치에 찍은 것(매핑)이었다. 이 주객전도는 파라메트리시즘 참여자들이 자신들이 유도해내는 에스테틱의 정체에 대해 깊이 고민하지 않도록 만들었다. 누구도 그것이 미적으로 왜 좋은지 또는 왜 좋다고 생각하게 되었는지 뜯어보지 않는 것이다. 이로 인해 에스테틱에 대한 낮은 이해를 바탕으로 한 정체 모를 유기적 형태가 건축가들로부터 비판 없이 쏟아지는 상황이 생겨났다. 그리고 에스테틱 결정자가 자신을 엔지니어로 인지하고 기술에 대한 이야기만 함에 따라, 파라메트리시즘에서 에스테틱에 대한 독립적인 논의와 성찰의 장은 마련되지 못했다. 이는 디자이너가 디자인 행위가 피상적으로 다뤄지도록 스스로 부추긴 것과 다르지 않았다. 즉, 건축이 자신의 중심 업역을 내다 버리는 모양새가 된 것이다.

그리고 이들의 유기적 형태 패티시는 제대로 된 비판이 오고 가지 않는 틈을 타고 너무 과대 포장되어버렸다. 그들은 유선형 혹은 '하나의 면으로 연결된 형태'를 철학과 테크놀로지로 포장했지만, 사실 이것은 인간의 형태적 본능이자 당시의 유행에 불과했다. 그리고 그들은 순수-자연을 절대 선으로 여기며 이를 닮아가는 과정을 운명처럼 포장했지만, 이 또한 자연에 대한 피상적 이해에 기반하는 단편적 사고에 불과했다. 순수-자연은 체제가 꾸준히 주입한 편집된 이미지들의 집합이자 클리셰일 뿐이며 이를 닮아가려는 행태는 허황된 편견에 기반한 환상에 지나지 않는다. 게다가

이는 오늘날 '자연스러움'의 정의 자체가 해체-재정의되는 상황에서 건축이 당면하게 된 '리얼리티'에 관한 이슈를 철저히 외면한다. 이는 파라메트리시즘 뿐만의 문제가 아니다. 어떤 방식이 되었든 간에 이제 와서 건축가들이 건축 구성의 본질을 순수-자연에서 찾는 것은 편집된 클리셰의 확대 재생산이다. 사실 오늘날의 모든 창작 행위 중에 클리셰의 재생산이 아닌 것은 없다. 우리는 모두 저마다의 파편화된 취향의 영역에서 고립된 채, 쏟아지는 클리셰 속에서 헤엄치고 있다. 파라메트리시즘은 그저 이러한 속살을 잘 드러내 주었을 뿐이다.

이 와중에 파라메트리시즘이 비교적 쉽게 유려함을 얻어내는 특성은 건축 디자인 행위를 '외형의 특이함'이라는 피상적 관점으로 내몰았다. 그리고 어설픈 디자이너들은 껍데기만 몇 번 만지고서 쉽게 요란한 형태를 얻어낸 다음 '디자인 좀 했다'는 착각에 빠진다. 자본주의의 홍수 속에서 시각적 자극에 지속해서 노출된 건축가와 대중은 여기에 익숙해진다. 그리고 여기엔 '미래적이다'는 편견도 덧씌워진다. 그것은 미래의 것은 좀 더 유려하고 화려하며 더 미끈한 모습이어야 한다는 정체 모를 고정관념이다. 하지만 우리는 미래라는 스테레오타입마저도 과거가 되어버린 시대에 살고 있다. 그리고 과거의 미래인 오늘은 그런 모습으로 도래하지 않았다. 그리고 '무결점의 미끈함'을 추구하는 특성은 모더니즘의 미학을 많이 닮았다. 파라메트리시즘은 여러모로 그 양상이 모더니즘과 비슷하다. 그러나 이 둘에게는 다가오는 시대적 조건이 판이하였다. 그것이 이 둘의 성패를 갈랐다. 그렇다면 파라메트리시즘 이후에 다가온 미래인 오늘날은 어떤 모습인 걸까?

포스트 디지털

파라메트리시즘의 비판을 통한 교훈은 다음과 같은 방식으로 비틀어 볼 수 있다. 건축가는 미래를 형태로 표현하려는 습성이 있지만, 진짜 미래는 해당 형태로 찾아오지 않았다. 물리적 형태로 미래상을 성공적으로 구현해 낸 마지막 실험은 아마 모더니즘일 것이다. 당시에는 시대적 과제가 기계 기술을 바탕으로 한 새로운 하드웨어를 통해 전례 없던 삶의 방식을 제시하는 것이었다. 그래서 건축가가 건물을 가지고 할 수 있는 실험이 많았다. 이 성취는 건축가들이 20세기 전반에 걸쳐 테크놀로지를 물리적 형태로 번역하려 하는 관성을 낳았다. 하지만 오늘날의 혁신은 정보통신 기술과 이에 기반한 소프트웨어의 발전을 바탕으로 한다. 달리 말하면 디지털이고 비물질이다. 여기엔 물성이 없기에 절대적인 형태적 특질이 존재하지 않는다. 그래서 당대에 대부분의 분야에서 디지털-미래를 이미지로 표현하려던 시도는 진짜 미래로 이어지기보다는 별도의 판타지 장르이자 클리셰로 축소되었다. 같은 맥락으로 20세기 후반 건축가들의 건물 실험은 오늘날 우리 생활에 유효한 영향을 끼치기보다는 건축계의 자체적 유희이자 일부 거대 자본의 과시성 프로젝트로 고립되었다. 이 와중에 디지털 혁명은 건축과 상관없이 벌어졌다. 그리고 우리는 모든 것이 디지털로 변환된 이후의 세상에 던져졌다. 다시 말해 포스트 디지털 그리고 포스트 휴먼이다. 여기서 건축은 비물질적 현실에 대응하여 자기 실험의 판을 완전히 다시 짜야 하는 출발선에 놓이게 된다.

포스트 디지털의 기본 공감대는 모든 것에서 아날로그만큼 혹은 그 이상으로 디지털이 당연해진 상황을 뜻한다. 물론 현재를 포착하려는 모든 시도가 그러하듯이, 포스트 디지털은 개념 자체가 등장한 지 오래되었음에도 아직 불완전한 개념이다. 하지만 건축에서는 리얼리티에 관한 문제를 제기하는 지점에서 이 개념이 중요해진다. 포스트 디지털 체제에서는 모든 것이 디지털로 완벽하게 재현되고 리얼리티 또한 그대로 이관된다. 따라서 현실은 아날로그 세상과 디지털 세상에서 동등하게 실존하며, 인간과 사물은 여러 가지 현실에서 다양한 방식으로 실존한다. 그리고 증강 현실 등으로 대변되듯이, 다양한 리얼리티들은 철저히 별개로 유지되는 것이 아니라 서로 뒤섞이면서 영향을 주고받는다. 이러한 혼재는 기존 리얼리티에서만 절대적이었던 특성의 해체를 야기한다. 오늘날 이것의 첫 번째 대상은 물성이다. 물성의 해체는 물체와 물성의 분리를 의미한다. 사실 이는 생겨난 지 오래된 현상이다. 우리는 이미 스크린을 통해 기존의 현실과 동일한 시각 정보를 가졌지만 어떠한 촉각 정보나 물리적 성질과도 연결되지 않는 오브젝트들을 무수히 봐왔다. 최근 가상 현실 기술의 발전은 이를 더욱 가속화시킬 것이다. 여기서 중요한 것은 우리가 이 '분리'를 당연하게 여기기 시작한다는 것이다. 액정을 보면 본능적으로 두드리는 새로운 세대에게 물질이란 무엇일까?

그리고 오늘날의 테크놀로지는 우리의 신체 기관 그 자체가 되었다.

포스트 휴먼이 건축에 시사하는 바는 인간의 기존 신체가 갖는 인지능력과 물리적 존재 방식의 한계가 디지털 기술로 인해 무의미해지는 지점이다. 무의미해진다는 것은 절대적이었던 것이 상대적인 선택지로 변환됨을 의미한다. 예를 들어 우리는 한시도 손에서 떼지 않는 스마트폰 카메라로 세상을 보고 클라우드에 이미지로 기억을 저장한다. 스마트폰 카메라의 자체 내장된 필터는 촬영 즉시 현실에 존재하지 않던 다른 무언가를 포착을 빙자하여 사실상 창조해낸다. 그리고 사용자는 여기에 개입할 틈도 없이 해당 결과를 자신의 경험이자 기억으로 받아들인다. 그러나 포착을 빙자한 창조는 사실 인간의 눈이 그동안 뇌를 속이며 해오던 일이기도 하다. 그런데 스마트폰의 기억은 뇌의 기억보다 선명하다. 결국 기억은 본 것이 아닌 찍힌 것으로 대체된다. 이러한 과정을 통해, 기존 안구가 피사체를 볼 때 불러일으켰던 고유한 굴절은 상대적 입력 과정 중 하나로 전락한다. 그렇다면 인간이 더는 자신의 눈으로 공간을 보지 않을 때 건축은 어떤 변화를 맞이할까? 이는 한 가지 예시에 불과하다. 인간의 기존 지능 대비 빅데이터에 기반한 인공지능은 어떠한가? 모든 판단을 인공지능에 유보하는 인간이 창조하고 거주하는 공간은 어떤 변화를 맞이할까?

　이러한 징후들은 기존 건축의 주요한 틀을 무너뜨린다. 바로 인간이 신체를 통해 공간을 점유하는 방식 자체가 해체된다. 이는 두 가지 방향으로 이어진다. 첫째로, 우선 하나의 리얼리티를 기반으로 성립했었던 장소성이 무의미해진다. 예를 들어 오늘날 인간은 어느 장소에 가져다 놓아도 스크린을 통해 자신만의 디지털 시공간에 접속 후 사실상 거기서 실존한다. 이 자체로 물리적 장소의 맥락은 소거된다. 이는 그동안 일부 현대 건축에서 사이트를 분석하고 이에 호응하는 매스를 탐구하는 식으로 건물의 의미를 찾아 나섰던 실천들의 설득력을 잃게 만든다. 두 번째로, 지각하는 주체로서의 인간(의 신체)이 절대성을 상실한다. 이 지점에서 현상학을 두른 건축 실천들도 담론적 가치를 잃어버린다. 사실 현상학적 건축 작업 대부분은 애초부터 작위적으로 배열된 시노그라피적 판타지에 지나지 않았다.[15] 게다가 오늘날 최전선의 건축은 인간이 전혀 점유하지 않는, 이를테면 데이터 센터 같은 건물로 관심사를 옮겨가는 중이다.[16] 이처럼 기존의 물리적 현실과 이를 지각하는 주체로서의 인간이 모두 절대성을 잃게 되는 상황은 기존하는 많은 건축-공간적 실험을 아무런 진리도

담보하지 못하는 파편으로 전락시킨다. 과거의 찬란했던 역사 속 현대
건축은 당위성을 잃고 파편화된 채로 클리셰와 패티시만 남긴다. 그리고
젊은 건축인들은 이를 극복하지 못한 채, 견고하게 쌓여 과잉으로 쏟아지는
레퍼런스 속에서 길을 잃는다. 결국 남는 것은 저마다의 굴레 속에서의
공회전이다.

건물을 떠난 여행의 시작
앞에서 살펴보았듯, 다양한 리얼리티가 저마다의 맥락으로 공존하는
시대에 건축은 자율적 형식 체계로서 자체적인 세계관을 가지고 독립적으로
실존할 수 있다. 그리고 그것은 더 이상 건물로 대변되는 물질에 기생하지
않아도 된다. 이에 대한 힌트는 이미 건축이 모더니즘을 기점으로 하여
비물질인 미디어로 둥지를 옮긴 점에서 찾을 수 있었다. 그리고 우리는
파라메트리시즘을 통해 물질 시대 끝자락에 선 건축 실험의 한계를
목도했다. 건축은 이제 건물을 넘어서 이미지와 리얼리티에 정면으로
맞서고 있다. 그렇다면 그것은 어떤 양상을 띨까? 이는 각 개인이
만들어내는 파편들이 구름처럼 모여 만들어낼 것이고, 다음 세대는 되어야
뒤돌아보며 조망할 수 있을 것이다. 지금은 아무도 모른다.

현시대의 주요 젊은 건축가들은 건물보다는 이미지 및 리얼리티
자체와 씨름하고 있다. 이들은 무한한 이미지의 세상 안에서 여러
가지의 리얼리티가 다원적으로 공존하는 현실에 대한 대처 방안을
모색한다. 예를 들어, 마이클 영 Michael Young은 꾸준히 여러 칼럼을
통해, 건축이 이미지 시대를 두려워하지 말고 적극적으로 포용해야
한다고 주장해왔다.[17] 데이비드 루이 David Ruy는 건축가의 역할을
새로운 리얼리티를 규명해내는 그 자체로 규정하고 이에 따른 작업을
발표한다. 이들의 작업은 건물을 표상하기보다는 에스테틱 자체에 대한
질문을 담는 이미지들 — 또는 드로윙들 — 이 주를 이룬다. 이는, 모든
것은 사변을 통하여 실재할 수 있다는 철학을 바탕으로 하는 점에서
speculative realism(사변적 실재론)으로 분류되기도 한다. 그래서
이들은 다양한 존재 방식을 동시에 포용할 수 있는 객체를 추구한다. 바꿔
말하면 사변적인 speculative 행위를 바탕으로 다양한 독해가 가능한
에스테틱을 탐구한다. 특히, 마이클 영은 이에 대한 하나의 대안으로

estrangement라는 개념을 추구한다.[18] 이는 특정 객체가 지속해서 낯설어짐을 불러일으켜 하나의 존재 양식으로 고정되지 않을 수 있게 되는 지점을 뜻한다.

그리고 에스테틱 자체에 대한 근본적인 변화도 감지된다. 그동안 건축은 기보notation를 통해 형태 정보를 전달하고 이것은 타인의 손에 의해 물질화되어야 했다. 그래서 건축은 단순한 기하학을 바탕으로 정량화와 측정이 가능한 정리된 형태를 미덕으로 삼았다. 그러지 않으면 정보의 양이 너무 많아질뿐더러, 과거에는 많은 정보를 저장하고 전달하는 방법이 요원하거나 혹은 지나치게 비쌌다. 이는 단순히 박스 형태에 국한된 얘기가 아니다. 파라메트리시즘 조차도 실제로 하는 일은 측정값이 나오는 곡선을 얻어내는 것이었다. 하지만 오늘날의 빅데이터 클라우드는 정보의 양에 따른 비용 차이를 사실상 없애버렸다. 그리고 인공지능과 창작 소프트웨어의 발전은 기보의 필요성 자체를 없앤다. 이러한 지점에서 건축 역사학자 마리오 카르포Mario Carpo는 자신의 책 *The Alphabet and the Algorithm*을 통해 이제는 굳이 단순함을 미덕으로 삼을 필요가 없다고 주장하며, 앞으로는 현실에 굴할 필요가 없어진 복잡함의 미학이 전면에 등장할 것이라고 말한다.[19] 이제 복잡함과 단순함, 정리된 것과 정리되지 않은 것은 경제적 문제나 윤리적 문제가 아닌 취향의 문제로 남는다. 마크 포스터 게이지Mark Foster Gage의 헬싱키 구겐하임 설계안은 이러한 흐름이 반영된 하나의 사례이다.

이 틈을 타고 speculative realism을 기반으로 건축에 유입된 철학적 사조가 object-oriented ontology, 줄여서 OOO이다. 한국어는 객체 지향 존재론 또는 사물 기반 존재론 등으로 불린다. 이들은 flat ontology를 기반으로 인간이 아닌 대상 자체의 자율성과 시공간을 중요하게 다룬다. 이들은 주체로서의 인간을 상대화하여 모든 사물과 그에 속한 세계들을 동등하게 여기며 사유의 대상으로 삼는다. 그리고 이는 사물인터넷 등의 철학적 바탕이 되기도 한다. 건축에서 이를 도입한 이들은 들뢰즈의 사유와 파라메트리시즘이 무비판적으로 도배했었던 과거 건축계를 정면으로 비판한다. 그리고 철학이 더는 특정 스타일로 결부 지어지면 안 된다고 주장한다.[20] 그리고 이들 중 일부는 이제 막 건물을 짓기 시작하는 단계에 섰다. 하지만 이들의 건물은 형태적으로 아직은 전기 포스트모더니즘의 후예로 보인다. 이들은 순수 기하학 요소 등의 무작위적 충돌이 만들어내는 기묘한 효과를 자신들의 주된 스타일로 가져가는 중이다. 이들의 실험은 결국 건물이 되었을 때는 자신들의 논리와 상충하는 모양이 된다. 하지만 건물이 아니라 가상 현실이나 다른 디지털 미디어 자체로 실험을 확장하는 사례도 많이 있다. 이 흐름은 강력하진 않지만 현재 진행형이니 두고 볼 필요가 있다.

다시 돌아가서, 건물에 기생하지 않는 건축은 어떤 의미일까? 우선 모더니즘의 교훈은 건축의 중심이 미디어 자체에 둥지를 틀고 그 안에서 실존하는 것이었다. 여기서 건물과 건축의 관계는 애니메이션 '공각기동대'에서 바디와 고스트와의 관계와 비슷하다. 그리고 앞서 살펴보았듯, 우리는 오늘날에 인간 혹은 기존 물리 환경의 바디가 무의미해져 가는 흐름이 있음을 확인하였다. 다시 말하지만, 무의미해진다는 것은 절대적이었던 것이 상대적인 선택지로 변환됨을 의미한다. 고스트에게 바디는 선택지이며 바꿀 수 있다. 물성과 물체 그리고 인간과 신체도 이처럼 분리되었다. 건축과 건물이 분리되는 것은 이러한 흐름 속에 있다. 여기서 다시 건축 비평의 역사를 돌아보면, 리베스킨트의 건축은 '마이크로메가스' 안에서 살아있고, 콜하스의 건축은 그의 글과 다이어그램으로 실존한다. 아키그램과 슈퍼스튜디오는 애초부터 드로잉 자체로 존재하는 건축을 증명하려 애썼다. 이 지점에서 페이퍼 아키텍처는 지어지기 위한 준비 과정이 아닌 실존 그 자체가 된다. 이는 형체가 어디 있느냐보다는 영향력이 어디서 비롯되는가에서 진짜가 결정되기 때문이다. 이것은 마치 기존 현실보다 소셜미디어 속 가상 세계가 더 강력한 현실인 오늘날의 삶과 닮았다.

그래서 어쩌면 오늘날의 건축은 핀터레스트 혹은 인스타그램에 쏟아지는 이미지와 드로잉 그 자체로 존재하고 있는 것일지도 모른다. 해당 이미지들은 아이디어 그 자체를 표현하면서 동시에 디서플린적 담론 고리 — 달리 말해 건축 유니버스 — 의 확장 역할을 하며, 청중들에게는 있는 그 자체로 매력을 주는 컨텐츠로서 존재한다. 이 공간적 아이디어의 용도를 굳이 따지자면, 훗날 진짜 빌딩에 투영될 수도 있고 공상과학 영화에서 미래 세계를 시각화하는 데 참고가 될 수도 있고 아니면 게임에서 새로운 세계관을 구축하는 이미지의 바탕이 될 수도 있다. 하지만 꼭 어디에 쓰이지 않아도 상관없다. 인공지능 앞에서 기본소득 논의가 오고 가는 이 시대는 기본적으로 잉여와 무목적성의 시대이기 때문이다. 무목적성에 답변해야 하는 주체는 건축이 아니라 인간 존재 그 자체이다. 그러므로 이는 인간에게 닥친 이러한 존재론적 위기가 건축에도 영향을 끼친 것으로 보아야 한다. 건물에 대한 모든 전문성을 엔지니어와 인공지능 등이 가져가고 나면 건축에 남는 것은 디서플린뿐이다. 한편으로는, 건축과 건물이 분리되는 것을 건물이 건축을 버린 것으로 볼 수도 있다.

    그렇다면 이것은 자체적 고립일까, 아니면 새로운 존재 양식의 전초일까? 건축에서 이는 교육의 문제로 돌아온다. 왜냐하면 건축이라는 개념은 아카데미를 바탕으로 쌓아 올려진 특정한 세계관이기 때문이다. 오늘날 누군가는 기존의 물리적 세계와 멀어져 가는 건축 아카데미를 걱정하며 이를 몰락 혹은 고립이라고 칭한다. 그러나 이는 원래부터 건축이 마이너하고 편집증적인 학문이었음을 간과한 지적이다. 따라서 이 문제의식의 진짜 원인은 디서플린에 기반한 건축 교육의 공급 과잉이다. 과거에는 렘 콜하스가 되는 것과 OMA의 직원이 되는 트랙의 거리가 그리 멀지 않아서 하나의 교육 체계 안에서 어영부영 다 감싸 안으며 굴러올 수 있었다. 여기서 전자는 디서플린에 기반한 건축 행위이며 후자는 (건축 행위가 투영된) 건물 만들기다. 그동안 아카데미는 대체로 전자를 교양 삼아 후자에 투신시키는 방식으로 학생들을 사회에 공급했다. 이것은 아카데미는 전자를 받들고 싶은데 사회는 후자를 요구하는 상황에 대한 생존적 꼼수였다. 하지만 오늘날 이 둘 사이의 격차는 매우 멀어졌고, 아카데미는 건물을 더는 다룰 수 없는 시대적 상황에 놓였다. 따라서 설계 업역이 인공지능으로 대체되는 시점 혹은 다수의 학생이 아카데미의 허구성을 깨닫게 될 때쯤, 건축은 긍정적인 의미로서 자연스럽게 축소될 것이다.

    과거의 관점으로 보면 이 모든 것이 부정적으로 보일 것이다. 그러나 이는 건축만의 상황은 아니며 부정적인 것만도 아니다. 예를 들어, 오늘날의 세대는 납작해진 스크린 안에서 자기들의 가치 체계를 세우고 이를 통해 전례 없던 시공을 열어젖히고 있다. 하지만 스크린 밖의 예전 세대 기준으로는 아무것도 보이지 않기에, 납작해지는 과정에서 잃어버리는 것들만 크게 보인다. 그렇다고 하여 예전 세대들이 막을 수 있는 것은 거의 없다. 왜냐하면 어린 세대들은 이미 스마트폰을 매개하지 않으면 실존하는 법을 잊어버렸기 때문이다. 누군가 건축이 기존의 현실과 멀어져 가는 상황에서 낯섦과 불안감을 느낀다면 그것은 앞선 사례와 크게 다르지 않을 것이다. 이는 가치 체계의 영역과 기준이 변화하는 과정이다. 사실 그러거나 말거나, 건축의 새로운 여행은 이미 시작되었다. 단지 우리에겐 거부할 선택권이 없을 뿐이다.

> 이러한 흐름 앞에서 국적은 없다. 지역성은 맥도날드-스타벅스와 함께 소멸하였다. 컨텍스츄얼리스트 데이비드 치퍼필드는 건축은 국제적으로 존재할 수 없다며, 그것은 마치 음식에서 지역 음식의 맥락을 무시한 채 단백질 셰이크를 말아먹는 것과 다르지 않다고 비판했지만,[21] 슬프게도 이제는 모두가 빅맥을 먹고 스벅 커피를 마시고 자라를 입는다. 심지어 돈을 벌어서 구입하는 하이엔드 제품도 전 세계가 동일하다. 따라서 지역 — 혹은 한국 사회 — 의 특수한 상황에 근거하여 이 변화를 피해 갈 방법은 없다.

Google image search: architecture, August 2, 2020.

Instagram tag search: architecture, August 2, 2020.

Pinterest image search: architecture, August 2, 2020.

Tumblr image search: architecture, August 2, 2020.

Beyond Building: Following the Trajectory of Contemporary Architecture

Haewook Jeong

<u>The Relationship between Architecture and Buildings</u>
In former eras, architecture did not exist to devise buildings. Rather, buildings existed as vehicles for architectural ideas, which were mainly about form. In turn, form did not exist to produce buildings but to present emerging architectural ideas and concepts, which were then projected in the desired manner and style onto a building's design. Of all the buildings in the world, it was only a privileged few that carried and advanced architectural ideas. This relationship implies the strong hierarchical attachment between architecture and buildings. The reason for the precedence of architecture over buildings was, paradoxically, the advancement of building technologies and infrastructure. In other words, architecture is a flower that blossoms based on the advancement of building technology and culture; architecture is a unique cultural discipline that operates beyond the physical realm, in which buildings are nothing more than channels for architectural experimentation.

It is not an overstatement to note that this hierarchical relationship is incompatible with our contemporary settings, as its premise lies in the notion that idealistic hypotheses precede reality or the quotidian. Today, many designers turn to abstraction to extract the qualities intrinsic to their objects and forms, whereas architects tend to apply or project ideological concepts onto their design. However, the more outdated attitudes outlined above remain embedded in the unconscious of some architects, affecting their attitudes towards buildings and ways of working with the world. This is evidenced by numerous cases in which so-called 'stararchitects' first gain fame through their writings and drawings, and then filter their ideas into the built realm. This is a convention unique to the world of architecture, not found in any other field of design. That is why, regardless of the buildings and structures, many architects continue to search for the ideals within their era or the key subjects of speculation. Nowadays, architectural practice has far exceeded mere formal concerns and building. Does this indicate a deviation from architecture itself or does it offer the most appropriate grounding for architecture?

Modernism and Mass Media

Architecture and buildings are not one and the same. More specifically, we can conceive of three distinct disciplines: building design, construction, and architecture. They are closely interrelated but exist in separate realms. The primary reason for distinguishing architecture from the discipline of building is that architecture places its core values in the contexts that augment building design. Then why do so many people, including some architects, perceive them all as one and the same? This misconception is perhaps related to modernist thinking, which attempted to consolidate all three elements into one universal understanding of architecture. However, the conventional attitude—the precedence of architecture over buildings—was not only upheld throughout the modernist period but further intensified.

Modernism is one of the few exceptional occasions in history in which architecture shifted its focus from specialist projects to those of the commons. This shift was a response to rapidly changing societal situations following industrialisation and the development of mechanical technologies. This phenomenon did not occur only in architecture. The upper classes of the period redesigned the lifestyles of the general public in accordance with new technologies and ideologies; architectural experimentation was part of this social advancement. The mechanically driven life generated new and differentiated functions, which then had to be translated into new physical forms and aesthetic outcomes. In this way, architecture projected its experiments onto ordinary public buildings as a form of enlightenment, proposing new types of residences, hospitals, urban structure, and so on.

The architecture of that epoch was primarily invested in the planting of new ideas for the generation to come. Most of us recognise modernist architecture when we trace its influence through buildings designed by modern architects. However, if we pay careful attention to ways these buildings came into being, we realise that 'buildings' were always only the end product of modernism. In fact, a modernist aesthetic was not proven through buildings or structures because the emergence of modern architecture preceded modern buildings. The act of construction was analogous to the spoils awarded those who manage to achieve hegemony in architecture through design feats in other media, such as publications or exhibitions.[1] The most readily recognisable modernist architects quickly acknowledged this provisional character, and devised architectural content that prioritised a concept of reality over a built form, in which the possibility of the form was of greater significance than the actualisation of this form. That is to say, these architects focused on the seeding of ideas rather than on the harvesting of them, while mainly dealing with the idea of cultivating a universal modern aesthetic.

Beatriz Colomina calls this 'act of seeding' a 'manifesto'.[2] According to her book, *Manifesto Architecture*, three of the most prominent modernist architects, Adolf Loos, Le Corbusier and Mies van der

Rohe, achieved fame through their writings before the realisation of their ideas as buildings.[3] The assertions and proposals made in their writings responded to the architectural demands of the era. Once the mass media disseminated images and reactions to a larger audience, broader public opinion of their work began to take shape. This demonstrates how architectural ideas, in spite of their ideological characteristics, achieve new realisation in their mass media reception, when disseminated and accepted by the public. Such ideas take on a life in the eyes of the public as if they had a physical form. These three architects understood this as the single most crucial conviction for architects in the era of mass media. For this reason, Le Corbusier and Mies van der Rohe gave themselves new names before embarking on the 'modern' phase of their careers, in order to separate these new modern identities from their pre-modern identities.[4] They tried their best to embed their architectural ambitions within the public consciousness before their designs or buildings were actualised. Once they were more established, the publication of their designs could follow their writings, and, with the help of clients mesmerised by their potential, the architects could finally deliver their concepts as actual buildings. Therefore, at the ideological core of modern architecture was the notion that built projects were merely end products and the partial consequence of architectural practice.

In this sense, modernism did not simply suggest the prioritisation of slogans such as 'Ornament and Crime' or 'Form Follows Function'. These two remain not as single solutions but as options in the contemporary age, where all standards have become relative and equivalent. The lesson to be learnt from the modern movement is that architecture, which struggled to survive when it was not projected onto a building, began to prove its new existence through mass media in the form of texts or images. This was made possible through the distinctive power of the mass media machine, which allows for the influence of ideas to gain traction without making them physically present, and therefore architects were able to craft a new existence by producing writings, drawings, and images distinct from the practice of building. In other words, the governing essence of architecture shifted from construction to mass media presence. Architects began to deal with public opinion through mass communications and the press, instead of on those that occupy buildings. Mies van der Rohe offers the perfect example in illustrating this shift. Beatriz Colomina noted that 'modern architecture became modern not by using glass, steel, or reinforced concrete, but by engaging with the media: with publications, competitions, exhibitions'.[5] It was primarily for this reason that Mies van der Rohe became a signatory force in the modern movement. Those structures that not become buildings became pavilions instead. The tendency in architecture to acquire existence through the media has continued to intensify; most architects throughout the twentieth-century achieved their fame in a similar way.

Formalism and Architecture as Autonomous Regime
When considering the nesting of architecture within mass media, it is pertinent to reevaluate formalism. If there are connections to be elucidated between formalism and mass media architecture, these indications will be found when observing the current state of contemporary architecture and envisaging possible new directions. Formalism, just as with other -isms such as modernism and postmodernism, did not originate in architecture. The intense focus upon and critique of form first developed across many other areas of cultural production, and evolved in light of the specific demands of respective disciplines.

Formalism's most critical aim is to acknowledge existence only by establishing an autonomous formal system.[6] The best example of this is the concept of the 'infinite' in mathematics. In spite of the impossibility of existing in physical reality, Hilbert's paradox of the Grand Hotel proved that the concept of the 'infinite' is valid within a mathematical system of logic. Since this breakthrough, it became widely understood that a concept could exist within itself in mathematics if it operated within its own logical regime, albeit not existing in actual reality due to its ideological properties. That is to say, if a system possesses a sufficient internal coherence, it autonomously exists regardless of the external realm. It has marked a significant influence on the formation of a specific mode of seeing, which affirms diverse existences by relativising all regimes and realms; it naturally leads to a flat ontology.

However, due to the ambiguity surrounding the word 'form', architects have often misinterpreted the meaning of formalism. The definition of form has, in fact, two separate connotations. The first is mainly about the invisible structure, pattern, or essential nature of things, while the second refers to an external appearance or shape of something. Formalism in other fields, such as in philosophy or literature, implies the investigation of form based primarily on the first definition. When it comes to architecture, however, formalism explores 'form' in terms of the latter in addition to the first definition, differentiating itself from the formalism(s) of other disciplines.

So, what was it that led to this misinterpretation in architecture? It is not about formalism but about form itself, meaning that conceptual ideas tend to be translated directly into an external form. Deleuze's 'Fold', for instance, was translated into a 'folded' form.[7] This literal translation seems to be a unique phenomenon arising from the dichotomy offered by the word 'form', which simultaneously refers to both the metaphysical and the visible. Formalism, when introduced to architecture, was of a fairly reductive mode, defined by attempts to seek internal order in the shape of buildings. For instance, formalists of the mid-twentieth century began to explore autonomous formal systems within certain forms rather than the metaphysical regime of knowledge that transcends external appearance. They referred to major architectural elements throughout history and investigated their preferred formative or compositional orders.

This limited take on formalism in architecture seemed to be inevitable for those who pursued the preservation of architectural conventions that revolved around formal orders through shape. This is because conventional architectural education in Europe had focused on the understanding and transmission of the 'parti' through repeating and reproducing certain forms that they believed to be meaningful.[8] This was the basis of the education system at the École des Beaux-Arts and the primary discipline in more conventional architecture. Modernism seemed to have wanted to wipe out this custom and set new terms of engagement with design. However, soon after the modernist utopia was declared to have waned in influence, a tendency to return to historic orders prevailed among conventionally educated architects.[9] They wanted to cultivate modernism within architecture by considering it to be experimentation as an extension of conventional formal practice. The connection made between Le Corbusier and Palladio in Colin Rowe's essay *The Mathematics of the Ideal Villa* derives its argument from this attitude.

However, the problem at stake was the compelling approach to formalism in the mid-twentieth century. For instance, even though Rowe's attempt to include modern architecture as part of architectural history is germane, the details of his argument for identifying the formal connections between the two are not so convincing. Still, some of the later formalists focused only on the architectural elements within their own history, specifically searching for the hidden orders of form; a typical case is an obsession with the notion of poché.[10] This obsession led to significant criticism of formalism for departing from an aim to improve contemporary social conditions, losing sight of its responsibility to engage with the external world. Formalism in particular, due to its habit of circulating only within the history of western architecture, failed to attract advocates or gain much attention in the architecture of other cultures.[11]

Nevertheless, formalism should not be judged as something of little relevance, since the value of formalism is not in the content carried out by the practices of formalists through architectural history, but in the formalistic approach itself. Formalism presents a vision that architecture, whatever details it may include, exists as an independent autonomous regime through an internal coherent system. In other words, architecture exists as architecture itself regardless of any other external factors. This provides a significant basis for responding to the ontological viewpoint of today, where every realm is at once separate and equivalent. Moreover, architecture can exist as itself regardless of the collapse in the relationship between architecture and its conventional media, such as drawings or buildings. Technological advances and changes to the digital media environment have accelerated this tendency. A century ago, architecture had already moved the centre of existence towards non-physical media, implying that architecture had already begun to exist as an autonomous conceptual regime itself, not within physical entities such as buildings. Here, we can also think about the contemporary condition by which all regimes, such as virtual and actual reality or natural and artificial objects, equally exist as real; can we say architecture deserves to be real even though its internal coherence does not engage with any external factors, such as built form?

Image and Reality

The lessons learned from formalism are as follows: if a regime operates with a sufficient internal coherence, it exists as itself, independent from the external world. This means that the existence of a thing can be proved by a self-referential approach. A good example can be cited in the US dollar system, which was maintained as a currency after the abolition of the gold standard, and so the value of money was settled in the monetary system itself without being guaranteed by gold. One might say 'the government still supports it', but if we note the emergence of cryptocurrencies it is equally evident that there is no administration guaranteeing them. This way of existing, of being relative without implying any absoluteness, demonstrates how today's objects exist. Are cryptocurrencies considered real money? The answer is yes. Today, if one asks 'what is real?', then the answer is, inevitably, 'everything is real'. Of course, if everything does become real, the meaning of the real will fade; everything becomes a bizarre version of the real in which something is neither real nor fake. Whatever the situation may be, one thing is clear; we cannot go back in time when the real was obvious because now it is impossible to find the real (originality or essence) in real. We now live in a world beyond that of Jean Baudrillard's 'Simulation'.

The sense by which everything is becoming more 'real' also means that the hierarchies that govern various value systems are collapsing, particularly the hierarchy between something with physicality and without physicality, resulting not only in a physical reality to be real but also that non-physical reality is equally real. How does this affect architecture? Let us take a simple example: there is a space designed by an architect that looks impressive on Instagram but does not achieve the same impact in actual reality. Until a few years ago, this was thought to be on the cutting edge of architectural critique, apprehended as a synonym for superficiality. However, this critique is not valid anymore; 'space as actual' and 'space as image' have become equally valuable areas, meaning that the only difference between the two is the realms of existence, including its way of existing. Indeed, the latter is now more overwhelming in terms of how much it influences reality. Given that regimes of existence can be diverse and independent through various types of advanced media, one single physical building can engage with many different ways of existence, in other words, diverse types of reality. This reduces the role of devising physical outcomes into one of many architectural practices while demanding other sets of expertise from architects.

Moreover, the hierarchy that places 'what is natural' over 'what is artificial' breaks down as the meaning of nature changes. Industrialisation populated the world with industrially manufactured objects, which have formed an indelible layer. Today, it is an unavoidable condition of contemporary life that presents few alternatives, surrounding mankind independently of human activities, and has therefore integrated with 'nature'. For instance, the urban structures that informed Rem Koolhaas's 'Junkspace' formed an artificial nature. The attitude of deriding the artificial as separate from nature originates perhaps from clinging to earlier conceptions of nature as devoid of anything artificially made. Unfortunately, images that remind us of nature have always been artificial; they are fictions produced by certain cultures and powers and artificially manipulated. Thus, the notion of a pure nature is a fantasy, and in any case, mankind can no longer exist in such a state of purity. Many factors change the definition of 'nature' and the 'natural', by turning nature into a choice that we make between the many varied alternatives to nature. The shift in our understanding of the natural world leads to fundamental questions concerning reality.

In the meantime, we live in a world saturated by images. Most information is obtained through the indirect consumption of images rather than the actual experience of things that surround us. As all images are the result of interventions and manipulations made on the part of both the creator and the consumer, they do not guarantee any sense of reality. Indeed, they tend to flatten the physical contexts presented by space and time in the process of segregating, collapsing, and preserving particular elements from a given space. Therefore, when we accumulate and reproduce information through the absorption of images, a new set of narratives emerges. A vast array of images begins to form an internal self-referencing system that guarantees the autonomous existence of things. As a result, all contemporary objects exist as images autonomously in various alternate realms through the process of transformation and manufacture. As mentioned earlier, this is not a pseudo-reality but another equally valuable reality. Here, architecture has lost its way in the midst of this inundation by architectural images, which are provocative but unrecognisable in terms of their authenticity. And, in any case, how we experience physical space has been substituted by the reconstruction of consumed images. This tendency causes a chaotic co-existence between diverse realities, and leaves us with two questions: first, how can architecture embrace and respond to a value system that has shifted and been created anew by a preponderance of images? Second, in what ways can architecture exist if it accepts this image culture?

What can architecture or architects do at this juncture? As mentioned earlier, architecture is mainly interested in seeding formal ideas for the next generation. In other words, the role of architecture is to present a new framework for change in the decades to come. The framework has conventionally been understood as primarily dictated by the appearance. This tendency is found in assertions such as 'the buildings of the future should look like this' or 'the city of the future should look like this'. Architects, in the most convincing way, have been trying their best to visualise the potential of the 'environment yet to come' through drawing and rendering. As a consequence, imagery is the primary medium through which to announce the reality of the near future. Of course, working with imagery to reveal hidden realities has been a major part of the architect's expertise throughout much of the profession's history. Today, images no longer require projection into the physical, such as built structures, in order to register them as real, and plural realities prompt and address many problems faced by contemporary society at a time in which human beings begin to inhabit virtual, imagistic worlds. In this sense, imagery is no longer a mere mediator between an idea and the built; reality is not achieved only through the built. The architects of today are confronted with both images and their reality, the very thing they have been dealing with since the inception of architecture as a discipline.

A Critique of Parametricism 1: Fictional Alibis
At this point, the paradox of parametricism deserves close attention as it is widely criticised by young contemporary architects. These criticisms mainly take aim at the assertion parametric architects seem not to recognise: architects engaged with parametricism have insisted that the self-generating mechanisms of digital technology will eventually follow the same mechanisms that evolve organically in nature. They were strongly influenced by 'Becoming', the philosophical concept of Gilles Deleuze.

Based on this assertion, they first obtained organic forms through a digital algorithm and then regarded it as an ideal architectural destination for the digital age. However, algorithmic technology is irrelevant to the organic forms presented by them, simply an artificial combination connected by one's imagination. The former is the tool developed in the digital era, and the latter is an aesthetic fetish, prompting an epochal situation that has been exploited as an alibi to chase one's individual taste. In other words, what was argued as an inevitable end was actually always an artificial outcome. What they actually did was to constantly intervene and make decisions at every stage of algorithmic process to produce more specific results. However, they insist that the results are the inevitable consequences of attending to contemporary philosophy and technology, while some of them even did not realise that their output was rooted in the choices they made.

Their means of expression seems to be a tendency, namely a 'dependence on the destiny of form', which is to disguise a narrative of design as a predestined situation. This is not only found in parametricism but also in many other cases throughout architectural history. Architecture always had to provide an absolute alibi for the form—a fabulation that architects have always been tempted to produce. Otherwise, the authority and cogency of architects could not have been easily achieved in their practice. In fact, there is neither a correct answer nor a science for explaining why a certain form looks the way it does; just like beauty cannot be summarised in a single quality. However, architecture has always been accorded the deciding vote over the form of permanent public structures fuelled by the support of immense capital and the responsibility for gaining mutual agreement between many people. Thus, architects have constantly needed to impute their results to seemingly plausible yet weak alibis, persuading not only the others but also themselves. The pursuit of the absolute in such a situation is a weak human instinct, one that is only intensified when we encounter something we cannot entirely understand and manipulate. Here, it is critical to pay attention to the situation of parametricism, which had to respond to the paradigm shift engaged with post-structural philosophy and the radical development of digital technology.

Modernism is another architectural movement that shares a 'dependence on the destiny of form'. Modernism was faced with the pressing matters of mechanisation, industrialisation and the post-war situation, in which architects wanted to be equipped with strong architectural narratives in comparison with the rapidly development of science at that time. Propositions such as 'Ornament and Crime' or 'Form Follows Function' reflect this epochal situation as a representative of 'the destiny of form'. Soon after, Robert Venturi argued that there was no need for form to follow function in architecture, as the very same functions could exist in various forms. However, modern architects first pursued their preferred style, then hoped that their form would be read as the result of following the function. The ghost of this proposition has remained to the extent that it still obscures the vision of some architects. Le Corbusier's Modulor was not an improvement; as Robin Evans pointed out in his book *The Projective Cast*, Le Corbusier's Modulor was fictitious in its adoption of an imprecise measurement system, becoming simply an excuse to act out his desire for particular forms.[12] The golden ratio may be the worst case of all. These instances of dependence can be cited not only throughout modernism but also observed in many other architectural experiments after postmodernism. For those who create form, all of the propositions are constructed either to convince the audience of their formal desires or to be used as an excuse when they do not even know what to make of their creation. We must now acknowledge that form does not have to follow any destiny and more importantly that architects have to be honest with their simple interest or desire to create certain forms.

Of course, this destiny-driven perspective contributes to a leap in new thinking, moving towards an unprecedented realm as it exerts a strong force as much as an immersive experience. However, the higher the absolute, the larger the contradiction looms. A mature idea requires self-reflection on its contradictions and reconsideration of its side effects aggravated by the design process; this is the basis for the critique of parametricism. This can lead to two questions: what are the repercussions of displacing the desire for form with fictional alibis and what are the problems of pursuing organic form when failing to discuss them in light of an appropriate formal critique?

A Critique of Parametricism 2: Media and Aesthetic

Before answering these two questions, we need to reflect upon architectural expertise. As noted earlier, architecture places its primary focus on the contexts surrounding building design. Thus, as an idea becomes a building there is no stage that architects can complete in isolation as the whole process requires cooperation. In recent years this dependence has further intensified. As a consequence, how has the expertise offered only by architects changed following cooperation and collaboration with other fields? Vitruvius once defined three elements of architecture as *Firmitas*, *Utilitas*, and *Venustas*.[13] Of these three, architecture is known to place emphasis on *Venustas* over its related fields, in other words, on the aesthetic. Although the expertise in structure and function has moved to related fields, such as engineering, architects have a particular expertise in building aesthetics that is inimitable. Therefore, in principle, greater prior expertise is a precise understanding of a range of aesthetic approaches.

The aesthetic has become more critical than ever because of this shift in the role of the architect, which has been somewhat reduced but simultaneously expanded to include the creation of representations and imagery. This does not apply only to architecture. Today, most designers in other fields work by providing images, regardless of their original or intended medium. In the past, due to the physical constraints faced by every design discipline, the aesthetic, for designers, could not be considered independently. Therefore, expertise in design could only be proven by being fully aware of what one could or could not do with their primary medium. This is because certain constraints meant restrictions on the extent to which an aesthetic approach could be applied; at some point in the past, proficiency in specific software meant expertise due to the difficulty of learning the software. However, this obstacle faded as technology advanced. As the constraints of medium specificity disappeared, an aesthetic remained an independent identifying character, captured in the form of the image. As a result, today, anyone can easily produce something plausible without being constrained by conventional limitations. It turns the role of designers into controlling diverse languages of images, which are overwhelming and flood the shortened wall of constraints. In particular, this requires a designer to understand the properties of various aesthetic approaches contained in the images and to make appropriate decisions as necessary.

As a result of this shift, aesthetics have become the central interest in contemporary architecture. Emancipation from the constraints of conventional media has turned an aesthetic into an independent subject. Here, medium specificity, as noted by Clement Greenberg, becomes far more critical in a different way. Previously, a particular aesthetic, emerging from the properties of a specific medium, was regarded as the inevitable destiny of that medium. For instance, in architectural design, when notation on paper was all about a design process, the easily representable form on paper unconsciously decided the shape of a building.[14] These particular formal properties have been accepted and lost a chance to be objectively viewed; because there were no other alternatives to conventional design processes. However, by acknowledging medium specificity and its consequent conventions, it turned this inevitable destiny of form into the one of various options. In doing so, we can outline three major elements in architectural design: the original idea of an aesthetic, the constraints of the medium, and the outcome distorted by the constraints. Failing to distinguish these three solidified a certain formal tendency into a stereotype. But now, this tendency needs to be deconstructed, and designers must be mindful of their intentions and of what kind of bias a given medium creates. In other words, to obtain the intended aesthetic, designers must be able to manipulate their interventions rather than falling into inertia, foregrounding the ability, for designers, to sort and provide images.

As pointed out earlier, the task now at hand for architects is to critically investigate aesthetics. However, many parametric architects considered their aesthetic outcome to be the result of technological exploration while pursuing a specific formal style—an organic freeform. They denied what they actually did; obtaining results based on manipulating and selecting variables in most of the algorithmic processes. For example, the result of an architectural form based on the Voronoi diagram is decided by the designer's mapping of their favourite points, but it is disguised as a narrative as the points follow the logic of the formation of organic cell division. It blinded the advocates of parametricism from looking more critically at the aesthetic they were reproducing, and further questioning why they regarded those kinds of form as beautiful or fascinating. This led to the continuous production of uncertain organic forms without any self-critique. These architects, as arbiters of aesthetic trends, have turned themselves into engineers, whose expertise revolves around computational technology, precluding the opportunity to discuss their personal aesthetic independent from this design process. It seems that designers have induced the superficiality of design activities by themselves, running from their inherited expertise.

The fetish for organic form was simply overestimated or over-packaged, untouched by sufficient critical scrutiny. Parametricists justified their single-continuing surface forms with reference to philosophical and technological theories, but this was only of many types of instinctive aesthetic approaches and trends of the era. Furthermore, many parametricists regarded nature in its purest form as the absolute and set about the process of resembling it as a destiny, yet this was to ignore its status as a fragmented idea based on a superficial understanding of nature. As noted earlier, nature as pure is a cliché, a collection of images artificially manipulated by particular regimes. Therefore, to create a form that represents purity is a fantasy based on invented and prejudicial ideas. It also evades the necessity of acknowledging plural realities, which contemporary architecture must confront as the definition of nature and the natural shifts. Again, locating the essence of an architectural form in terms of purity is to reproduce a cliché; this can be applied to all other movements of architecture apart from parametricism. Unfortunately, none of today's design activities are untouched by cliché. We are all wandering around in an environment overwhelmed by cliché and isolated in a fragmented realm of individual taste; parametricism is merely another example of this tendency.

In the meantime, parametricism, which is often defined by the ease with which it obtains an extravagant form, has made the practice of architectural design vulnerable to accusations of superficiality, aiming only to extract unusual forms. The worst case is when one considers him/herself to be a designer only by acquiring flashy shapes after manipulating parameters. The public, including architects, who are constantly exposed to visual stimuli supported by the machinations of capitalism, have become accustomed to these visual transactions. Here, a preference for the 'futuristic' has been overlaid, a stereotypical attitude that dictates the future should appear more extravagant, elegant and smooth. However, we are living in a world in which even these received ideas of what the future would be have become the past and ultimately did not arrive. On the other hand, this practice of pursuing 'smoothness and flawlessness' as shorthand for a futuristic form resembles that of modernism in its aesthetic; parametric design is similar to modernist design in many ways, and particularly in terms of how they treat their formal outputs. Nevertheless, the conditions that followed each movement were very different, and that determined the legacy of the two movements. What is the situation today, a future that parametricism tried to envisage?

The Postdigital
The lessons learned from the critique of parametricism can be reconceived as the following: architects are known for envisaging the future in a particular form, but the future has not been actualised in that form over the course of history. The last period of experimentation that successfully embodied the future in a physical form was modernism. At that time, the task was to present an unprecedented way of life as new hardware based

on the rapid advancements of mechanical technology. There were many experiments that architects could do with buildings. Throughout the twentieth-century, this achievement gave rise to a growing inertia on the part of architects trying to translate technology into a physical form. However, the advanced technologies of today are based on the development of ICT and software, meaning they are digital and immaterial. Considering this condition, which implies the absence of materiality, any physical-formal languages cannot be established as an absolute answer for a particular zeitgeist. Thus, in most areas, attempts to visualise the digital future have been diminished to a sub-cultural fantasy or a cliché rather than as a 'true' future. Along the same lines, the building experiments carried out by architects of the late twentieth-century were isolated as internal games or celebrated as showcases for monumental investments rather than as influencing contemporary modes of existence. In the meantime, the digital revolution took place regardless of architecture, and we were thrown into a world in which everything had already converted to digital; of the postdigital and the posthuman. Here, architecture is at the starting point to reconstruct its experiment in response to this immaterial reality.

The basic consensus surrounding the postdigital is that the digital has been taken for granted as much as (or more than) the analogue. Of course, as with all attempts to capture the present, the postdigital is still an imperfect concept, even though the notion itself has been around for a long time. But in architecture, this concept becomes more important than ever as it raises questions concerning reality. In the postdigital regime, everything is reproduced in an entirely digital form by transferring all existing realities. Thus, reality exists equally in both analogue and digital realms; humans and things, in various ways, exist in diverse realities. As represented by augmented reality, various realities are not kept separate but mix and influence each other. This coexistence causes the collapse of the characteristics that were considered to be absolute in physical reality. Today, the first collapse occurs to physical materiality, meaning the separation between the physical object and physical property. In fact, this notion has been around for a long time, given that we have already seen a myriad of objects on screen that contain the same visual information as that of their original reality but are not linked to any tactile information or physical properties. Today, developments in VR technology have accelerated this tendency, and the crucial point is that we have begun to take this separation for granted. So, what is the meaning of the material to the new generation who instinctively taps away at the screens of all devices?

Today's technology has become an integral part of the human body, as apparatus. When referring to the posthuman in architecture one suggests that the limits of cognitive ability and physical existence of the human body have become meaningless due to digital technology by converting the absolute into the relative. For example, at almost every moment we look at the world through a smartphone camera and store memories as images in the Cloud. When our camera captures something, the built-in filter of the device instantly creates an image that is virtual and does not appear as it does in reality. Moreover, the user accepts the filtered result as his/her own experience and memory without any time to intervene autonomously. Meanwhile, the immediate creation, disguised as capture, is what the human eye has performed by tricking the brain. However, as the memory of a smartphone is clearer and more verifiable than that of the brain, the memory is eventually replaced by what the camera creates, not by what we see. Through this process, the inherent refractions that the original eye evoked when looking at the subject are reduced to a relative input process. When humans no longer see space with their own eyes, what kind of experiential challenges will architecture face? This is just one example. And what of big data driven AI compared to human intelligence? What changes will occur in spaces created and inhabited by man when they can no longer make decisions for themselves?

These portents dismantle one of the major principles of conventional architecture; the human body as the main occupant of space. This leads to two connected issues: first, the site-specific approach, a typical methodology in architectural design, is rendered insignificant as it was established on intimacy with a single physical reality. For instance, today, regardless of where we are placed in the world, we access our own digital space through the screen and exist in that space, removing the context of the physical place. Therefore the suggestion—common in conventional architectural practice—that a mass must correspond with the analysis of a site's context is no longer as persuasive. Second, the human body, as a perceiving subject, loses its absolute authority. At this point, the phenomenological approach in architecture is also hard to justify. In fact, phenomenological architecture can be characterised as an artificially arranged scenographic fantasy.[15] Besides, the task of contemporary architecture includes designing buildings that are not occupied by humans, such as data centres.[16] This situation, in which both the original physical reality and the human being as a perceiver lose authority, turns most conventional architectural experiments into fragments that leave only clichés and fetishes, losing their sense of an imperative. Moving past this leaves one uneasy, meaning many young architects are lost in an overwhelming flurry of references accumulated strictly through history. After all, what we are left with are architects that never advance on their own treadmills.

The Beginning of a Journey for Architecture: Beyond the Building

As mentioned above, in our age of intersecting and plural realities, architecture can exist independently as an autonomous formal system with its internal coherences. It no longer needs to exist in a parasitic relationship with a physical result, such as a building. The first case for the purposes of this assessment is the modern movement, in which architecture began to exist as a cluster of ideas that profited from mass media platforms. We also observed, through parametricism, architectural experiments on the verge of an era in which physicality became insignificant. Architecture is now grappling with images and realities beyond that of the building. What new conditions will it draw into architecture? The new interrelation of images and reality will be set in motion by individual efforts, which then will form clouds of new ideas. The results of such efforts can only be then evaluated and critiqued by the next generation. That is to say, it is still early to draw any definitive conclusions at this point.

Today, there are already many interesting young architects who work with images rather than buildings, looking at ways of coping with the conditions that arise in pluralised realities. For instance, Michael Young has consistently argued in a number of essays that architecture should affirmatively embrace images without fearing them.[17] Several works by David Ruy have problematised reality itself by defining the architect's role as one that provides an image of the reality to come. Their works consist mainly of images and/or drawings, which embody the questions of the aesthetic rather than something that directly represents buildings. The works of many young architects, including Young and Ruy, are based on a philosophical theory that postulates all things can be treated as real through the lens of speculation, 'speculative realism'. They seek objects that can simultaneously embrace various modes of existence, exploring an aesthetic that can be read in a range of imaginative ways. One of the notable thoughts connected to this approach is 'estrangement' from Michael Young, by which a particular object arouses a sense of unfamiliarity by opposing a single and fixed form of existence.[18]

There is also a fundamental change in aesthetic. Conventionally, architecture conveyed formal information through notation, which materialised in the labor of others. In architecture, there is the virtue of an organised form that can be quantified and measured based on simple geometry. Otherwise, the amount of information would be too large, and storing or communicating with it would be too difficult and expensive. This applies not only to box-forms—even parametricism acquired measurable curves. However, big data has eliminated the cost difference incurred in accordance with the amount of information, while the development of artificial intelligence and design software removes the necessity for notation. From this perspective, as the architectural historian Mario Carpo argues in his book *The Alphabet and the Algorithm*, we no longer need to obey simplicity as a virtue, and the aesthetic of complexity will flourish because physical limitations no longer exert total control.[19] Thus, the problem of complexity and simplicity, or the arrangement and chaotic disorder, remain matters of taste, not as economic or ethical issues.

Object-oriented ontology (OOO) is a philosophical theory derived from the broader field of speculative realism. Architects who advance OOO concern themselves with both the autonomy and the space-time of the object itself, not of humans. This movement is based on flat ontology. It problematises all things by regarding them as objects and their realms as equal while also providing the philosophical basis of the IoT (Internet of Things). Those who introduced OOO to architecture criticise the architectural scene of earlier decades, in which Deleuze's ideas and parametricism prevailed. They insisted that certain philosophies should no longer be tied to particular styles.[20] Only a handful of those architects have recently begun to act on this and built forms. Their buildings, however, continue to spring from—in formal terms—early postmodernism, as eccentricities and bizarre effects define their architectural style through the random collisions of geometric elements. When this formal tendency results in buildings, their experiments conflict with their structural logic. However, there are many other cases in which experiments extended not to buildings but to Virtual Reality or other digital media. Therefore, this flow is still an ongoing process and deserves to be seen on a continuum, even if for some it is not yet that convincing.

If so, what is the meaning for an architecture that does not rely on the production of buildings? One of the foremost lessons of modernism was the embodiment of architecture in the media itself and so nested exists in the speculative realm. Here, the relationship between buildings and architecture is similar to that between bodies and ghosts in *Ghost in the Shell* (first serialised in 1989). As articulated before, there is a tendency by which the properties of the human body and physical environment have become meaningless by converting what was absolute into a relative option. For the ghost, the body is an option that can change or be swapped. Similarly, the object and its physicality, such as a human and its body, can be separated in the same way that buildings separate themselves from architecture. In this sense, when we look back over the history of architectural criticism, there are many examples of architectural embodiment: for Daniel Libeskind it lies in his drawing *Micromegas*; for Rem Koolhaas it exists as a form of diagrams and writings; while Archigram and Superstudio have tried to prove architecture's existence as a drawing itself. Here on the paper architecture is an independent architectural achievement, not an in-between process whereby an idea becomes a building. It is based on the fact that what is real is determined through the origin of the influence rather than the eventual physical form. This resembles life today, whereby the virtual world of social media is more commanding than actual experience.

Thus, today's architecture perhaps already exists autonomously as a form of images or drawings, flooding platforms such as Pinterest and Instagram. These images directly engage with spatial ideas, expanding architectural discourse as part of the discipline, and thus creating content that appeals to the audience. The use of this spatial idea may later be projected onto a physical building, become a reference for visualising the future in sci-fi movies, or become a basis for constructing a new universe in video games. However, it does not have to be used anywhere. This is because today is an age of excess in which humans tend to feel a loss of purpose, made all the more visible and urgent in the debate of universal basic income for every human. The subject who has to answer to this purposelessness is not architecture but mankind itself. Therefore, it can be said that the ontological crisis endured by human beings also affects architecture. After all, the only thing remaining in architecture, after the expertise in building fell to engineers and AI, is the discipline itself. The separation of architecture from buildings might cause some to conclude that buildings have abandoned architecture.

Then, is it self-isolation or is it an outpost of a new mode of existence? In architecture, this returns to the problem of academia because the concepts driving architecture offer a specific mode of viewing built upon broader academic debates. Today, some people worry about architectural academia moving away from the existing physical world, considering it a downfall or isolation from real world applications and social significance. However, this overlooks the fact that architecture was always a minor and paranoid field of study. Thus, the actual cause of this problem is the over-supply of architectural education based on study of theoretical principles. In the past, the pathways open to become a Rem Koolhaas or a staff member at OMA were not too inaccessible, wrapped up in a single education system. The former is an architectural practice based on the discipline and the latter is based on the 'design of buildings'. Academia has generally supplied society with students educated under the former, but the latter is to which students should commit themselves after graduation. It is a trick played by academic institutions to sustain the former, which is in their own interests to preserve, while society demands the latter. However, the gap between these two is increasing since the expertise related to building cannot be managed by architectural academia. As a result, when design practice is replaced by AI or when a large number of students become aware of academia's misrepresentation of the architectural economy, architecture will naturally reduce its responsibilities and perhaps in a positive way.

From a more traditional point of view, all of these claims seem rather disruptive. However, this is a phenomenon that is not only specific to architecture, and will not be regarded as negative. For example, today's generation is setting up its own value system sensitive to the prevalence of flat screens and opening up an unprecedented spatio-temporal realm. For the previous generation, what is visible on the screen cannot be fully grasped, and what they see instead is what is lost in the process of flattening. Nevertheless, there is little that the older generations can do to prevent this shift, if anything, because the younger generations have already forgotten how to exist without mediating their experience through devices such as smartphones. In a similar vein, if someone feels unfamiliar with and anxious about a situation in which architecture is moving away from the built, then in all likelihood they will also feel unnerved by the flattened culture of the present young generation. Both concerns are similarly tenuous. This is because we are at a point in the process of changing the scope and standards of our value system. Whether one acknowledges it or not, a new journey in architecture has already begun that leaves no room for refusal.

1   Beatriz Colomina, *Manifesto Architecture: The Ghost of Mies* (Berlin: Sternberg Press, 2014), 22.
2   Ibid., 1–4.
3   Ibid.
4   Ibid., 14–15.
5   Ibid., 17.
6   Inha Jung, *Contemporary Architecture and Non-Representation* (Seoul: Acanet, 2006), 32.
7   Ibid., 128.
8   Hyungmin Pai, *The Portfolio and the Diagram* (Cambridge, Massachusetts: The MIT Press, 2002), 41–45.
9   Jung, *Contemporary Architecture*, 240.
10   Sanghun Lee, *There is no Architecture in Korea* (Seoul: Hyohyung, 2013), 193.
11   Ibid., 194.
12   Robin Evans, *The Projective Cast* (Cambridge, Massachusetts: The MIT Press, 1995), 275.
13   See Marcus Vitruvius Pollio, *The Ten Books on Architecture*, trans. Morris Hicky Morgan (Cambridge: Harvard University Press, 1914).
14   Evans, *The Projective Cast*, 116.
15   Michael Young, "The Affects of Realism: Or the Estrangement of the Background," *Architectural Design* 86, no. 6 (2016): 58–65 (61).
16   See Liam Young, "Neo-Machine: Architecture Without People," *Architectural Design* 89, no. 1 (2019): 6–13.
17   See Michael Young, "The Wasteland Management of the Image Wilderness," *Offramp* 13: Guise (2017). https://offramp.sciarc.edu/articles/the-wasteland-management-of-the-image-wilderness
18   See Michael Young, *The Estranged Object* (Chicago, Illinois: Graham Foundation, 2015).
19   Mario Carpo, *The Alphabet and the Algorithm* (Cambridge, Massachusetts: The MIT Press, 2011), 44–48.
20   Mark Foster Gage, Michael Meredith and Michael Young, "MMM: Multiple Resolutions," *Log* 46 (2019): 9–22 (13).
21   David Chipperfield, "interview with architect david chipperfield," *Designboom*, April 30, 2014. http://www.designboom.com/architecture/interview-with-architect-david-chipperfield-04-30-2014

가상 현실의 지어낸 공간과 이야기들
요한 베툼

몇 해 전부터, 슈테델슐레 건축 석사과정의 Architecture and Aesthetic Practice 스튜디오는 가상 현실(VR)을 공간 현상과 경험에 대한 건축적 실험 도구로써 사용해왔다. 이러한 실험들은 독창적이고 몰입감을 주는 환경들로 구성되며, 컴퓨터로 표현되는 형태와 공간을 통해 건축을 탐구한다. 여기에서 디지털로 만들어진 이미지는 현대적인 디자인 프로세스 안에서 건축 드로잉의 전통적인 역할을 보충하거나 대체하게 된다. 이 스튜디오에서의 이미지 컨텐츠는 도시 환경, 미디어 문화, 디지털 체제에서의 이미지 생산과 감시, 인간의 지각, 주관적인 리얼리티의 형성, 그리고 건축 디서플린에 관한 고민 등과 결부되어 다양하게 만들어져왔다. 정리하자면, 이 건축 실험들은 최근에 등장한 가상 현실 기술에 담긴 '새로운 건축 디자인에 대한 가능성' 혹은 '건축이 어떻게 경험되어지는지에 대한 시뮬레이션' 등과 관련된 미의 영역과 표상의 방식에 대해 탐구해왔다.

최근 VR 기술의 빠른 발전은, 건축 분야에서 사람들이 프로젝트의 개발 및 이를 보여주는 방식에 이 기술이 널리 적용되기를 기대하는 것으로 이어진다. 그러나 이것과 슈테델슐레에서 진행되어온 가상 현실 실험은 그 내용과 방향이 전혀 다르다. 이 스튜디오의 목표는 더 큰 곳에 있다. 그것은 바로 VR 기술에 의해 가능해진 디자인적 기회를 실험적으로 탐구하는 것이다. 이는 또한 공간적 몰입과 미적 경험이 몸짓에 의해 이해될 수 있는 지점in choreographic terms을 연구하는 것이기도 하다. 즉, 이것은 어떻게 건축 디자인이 리얼리티에 대한 감각을 일으키는 와중에 주체의 움직임과 참여를 자극할 수 있는지에 대한 탐구이다.

이러한 실험에서, VR은 아주 훌륭한 건축적 매체가 된다. 이것은 인간 주체가 이미지로 가득 찬 공간 속에 완전하게 몰입할 수 있는 환경을 선사한다. 즉, 이 매체는 감각적 지각에 대응하여 몰입에 관한 공간 경험을 탐구할 뚜렷한 기회를 제공한다. 그러므로, 이는 공간에서의

번역: 정혜수

주체적인 지각에 대한 질문들을 탐구하는 데 있어 이상적인 실험 장소가 된다. 이러한 공간적 환경은 몰입된 주체를 무대에 세우게 된다. 이것은 특정한 디자인적 형식과 관련되며, 이는 19세기 미학 이론의 관심사에 반향을 일으킬 수 있다. 그 당시 독일어권의 예술-건축의 이론가들은 시각적인 지각과 운동 감각 kinaesthetics이 어떻게 공간 지각의 중심이 될 수 있는지를 탐구하였고, 이에 따라 리얼리티에 관한 우리의 감각이 어떻게 형성되느냐는 문제에 있어서 인간 주체라는 개념을 제시하였다. 결과적으로, 이러한 이론가들의 작업은 오늘날 신경 생리학과 미학 두 분야에서 찾아낸 발견과 이어질 수 있다. 이것이 암시하는 바는 공간에 대한 '일반적인 우리의 지각'과 '리얼리티를 느끼는 지점'이 사전에 제공된 것이 아니라는 사실이다. 이 감각 작용은 외부로부터 밀려오는 끝없는 정보의 흐름에 의해 조절되는 변화에 취약하며, 우리는 이러한 외부 정보들을 사전 경험과 연관지어 처리한다.

Architecture and Aesthetic Practice 스튜디오는, VR 안에서의 동시대적-디지털 표상 체제를 건축 디자인을 위한 지점에서 탐구한다. VR이 공간의 지각 과정에서 시각만큼 청각도 중요하게 반영하고 있는 점은, VR이 다중 감각 매체임을 나타낸다. 하지만 이 스튜디오의 실험은 건축적 관점을 바탕으로 VR에서 이미지가 수행하게 되는 역할에 중점을 둔다. 이는 참신하고 여러 가지 생각을 불러일으키는 다양한 프로젝트로 구성된다. 이 프로젝트들은 건축 디서플린이 갖는 동시대적 관심사를 반영하고, 건축 디자인에 실용적이고 이론적인 새로운 사변speculations을 제공할 것이다.

이미지

불과 30년 전까지만 해도, 라인 드로잉은 건축 디자인의 시야를 결정했다. 드로잉은 표상에서의 규범을 수용함으로써 투영 체계, 측정 가능한 정보의 기록과 전달, 그리고 의미의 전달을 가능하게 했다. 그러나 그 이후로 이는 지난 30년간 급격하게 변화했다. 생산과 소비에서의 모든 시스템과 결부된 디지털 테크놀로지의 발전으로 인해, 컴퓨터 기반의 프로세스는 아날로그적 실천이 지배했던 과거의 모든 프로세스를 대체하고, 그에 수반된 전통적인 사고방식에 이의를 제기했다.

그리하여, 유비쿼터스의 강렬한 이미지 스트림과 그것의 결과는 일반적인 의사소통 혹은 소셜 미디어에 국한되는 것이 아니라, 건축에서도 이미 아주 깊숙이 자리하고 있다. 지난 30년간 건축에서 빠르게 수용된 컴퓨터 이미지는 디자인 과정에서 전문적이고 디서플린적인 상상을 촉발하며, 건설 프로젝트의 계획과 실행에서 새로운 역할을 맡게 된다. 코딩 혹은 더 가벼운 버전의 스크립팅을 위한 프로그래밍 언어의 출현에도 불구하고, 이미지의 지배적인 역할에는 논란의 여지가 없다. 디자인에서 시각적 프로그래밍을 보다 보편적으로 사용하는 것은, [디지털] 이미지의 특정한 역할을 입증한다. 그것은 바로 시각적이지 않은 프로그래밍 언어에 시각적인 표상을 주는 것이다.

그러나, 르네상스 이래로 투시 도법에 기반한 표상의 형식으로 존재했던 이미지는 건축의 표상 과정에서 라인 드로잉에 기반하거나 이것에 의해 보완되어왔다. 이러한 건축 디자인의 기본 구성 요소들은 오랫동안 동일하게 유지되었다. 현재 여기서 일어나는 급진적 변화는, 이 요소들의 상대적인 역할과 디자인 과정에서의 중요성에 달려있다. 여기서 중요한 것은 다음과 같다. 건축 디자인에서 테크놀로지가 변화시킬 수 있는 영역의 범위는 어디까지인가, 디서플린에 기반한 고민은 어느 정도 재조명될 수 있는가, 그리고 우리가 건축을 디자인하고 생산하는 것은 어느 정도까지 변화할 수 있는가. 이것의 결과는 가설적으로 매우 강력하며 새로운 개념의 개척과 형태의 발명에 개방적일 것이다. 이러한 변화가 뜻하는 바는 겉으로 보여지는 이미지의 성질 너머에 있으며, '우리의 눈이 무엇을 마주하는가'보다 훨씬 깊은 곳에 있다. 왜냐하면, 그 '무엇'은 그것의 구조 혹은 분배적 측면에서 예전의 것과 상당히 다르기 때문이다. 이미지에 대한 우리의 관심이 단지 스크린에만 집중된다면, 이러한 변화는 제대로 이해되기 어려울 것이다.

우리는 VR을 통해 이미지가 갖는 완전히 다른 측면에 다가갈 수 있다. 이는 기존의 컴퓨터 스크린에서의 것과는 전혀 다르다. VR은 인간 주체를 이미지로 가득 찬 환경 속에 위치시키며, 이는 컴퓨터 스크린을 볼 때 마주하게 되는 '프레임으로 가둬진 이미지'와는 비교가 안 되는 반대의 상황이다. 이 과정은 주체와 객체 사이, 신체에 의한 존재와 시뮬레이션 된 현실 사이, 그리고 지각perceptional의 과정과 기계적 작동 사이의

미세하지만 중요한 차이를 유지하며, 둘 중 어느 것도 뭉개지 않는다. 이러한 차이점은 주체와 이미지로 구성된 몰입-환경 사이에서 새로운 생산적 친밀감intimacy을 만들어낸다. 여기서 말하는 친밀감은 건축에서는 잘 다뤄진 적이 없지만, 다른 분야에서는 예전부터 있던 개념이다. 예를 들어, 프랑스의 영화 이론가 마르틴 뵈네Martine Beugnet는 '감각의 시네마'에 관해 논의하면서 2차 대전 이전의 프랑스 아방가르드 영화 주인공들이 가졌던 견해를 설명한다. 그녀는 다음과 같이 말했다. "관중들이 영화 자체에 의해 만들어진 세계에 몰입한 경우에만 그들의 감각과 사고는 도전의 대상이 되었으며, 나아가 리얼리티에 대한 이해와 경험도 — 그것이 보이든 보이지 않든 간에 — 질문과 강화의 대상이 되었다. 즉, 영화의 힘은 '순전히 시각적 감각'에 달려있다."[1]

VR에서 주체와 매체 간의 친밀감은 이례적으로 강력하다. 여기서 매체는 몰입한 주체와 기계적 과정 사이에서 강력한 상호작용을 만들어냄으로써, "감각의 미"[2]를 가능하게 한다. 뵈네의 시네마틱 이미지가 카메라의 움직임과 이미지 자체의 (혹은 안에서의) 움직임에 의해 만들어진다고 한다면, VR은 이를 공간 시뮬레이션 전개 과정에서 '신체의 움직임과 제스처' 및 '둘러보는 주체'로 확장한다. 이러한 방식에서, 시간의 차원은 공간의 차원과 공존하게 되며, 우리는 건축에서의 복잡한 시공간적 특성을 탐구할 수 있게 된다. 결과적으로, 공간은 몰입하는 주체 없이는 상상될 수 없고, 존재할 수도 없다. 미술 평론가 다니엘 번바움Daniel Birnbaum은 예술 영화-설치 작업에 관한 글을 쓰면서 다음과 같이 말했다. "통사론은 없다. 오직 통사적 문제만 있다. 이것은 '일시적임' — 우리가 시간과 관계하는 방식 — 에 대한 문제로 연결될 뿐만 아니라, '주체가 되는 것의 의미'와도 연관이 있다."[3]

게다가 VR의 몰입형 공간은 모두 이미지이다. 이 이미지는 몰입하는 주체를 360도로 에워싸는 것 — 공간 안에서 주체가 갖는 시야의 방향에만 제약을 받는 시각적 경험 — 뿐만 아니라 그 자체로 (소위 말하는) 공간이 된다. VR에서 주체는 이미지를 관통하고 또 점유한다. 이것은 마치 망막의 공간이 외부화된externalised 것으로, 혹은 그 반대로 가상의 공간이 망막으로 축소된 것으로 볼 수 있다.

그러나, 디지털 이미지의 전체성은 일례로 뵈네가 다루었던 이미지와 근본적으로 차이가 있다. 뵈네는 "재료의 외관과 형식 변화의 수준에서" 그리고 "필름의 물질적 차원에 대한 탐구로서" 이미지를 다루었다.[4] 하지만, 디지털 이미지는 빛의 자국 혹은 표면상에서 도구가 남기는 아날로그적 흔적에 의해서 만들어지지 않는다. 이는 굉장히 다른 본성이다. 이에 관해, 건축가 존 메이John May는 다음과 같이 설명한다.

> "이미징imaging은 광자 감지의 한 형태다. 화학 물질 노출을 통해서 장면의 빛이 시각화되는 사진술과는 달리, 오늘날의 모든 이미징은, 환경에서 방출된 에너지를 감지하고 이것을 불연속적이고 측정 가능한 전기 신호로 잘라내어, 이를 다양한 통계적 방법으로 저장, 계산, 관리 및 조작하는 과정이다. 즉, 이미지는 신호 전달에 의해 정의된 에너지 프로세스에 의한 결과이다. 그리고 이 신호가 축적된 것을 우리는 '데이터'라고 부른다. 이미지는 데이터이다. 그리고 모든 이미징[과정]은 고의든 아니든 데이터를 처리하는 행위다. 이것은 정확히 모든 이미징이 에너지를 기반한다는 점을 나타낸다. 이것은 … 스크린 움직임의 특정한 형태를 가능하게 한다. 그것은 사진술(혹은 필름)의 빠른 기계적 연쇄 과정에서가 아니라 전기 신호의 기하급수적으로 더 빠른 전송 과정에서 기대할 수 있는 부분이다. 다시 말해, 이미지는 본질적으로 역동적이다. 그리고 우리가 이것을 고정된 것으로 생각하는 경향은 화학에 의한 사진술 혹은 드로잉의 심리적 유산과 밀접한 연관이 있을 것이다."[5]

존 메이는 건축의 기술적 기반을 면밀히 검토할 것을 요구하면서도, 기술에서의 시간적 차원을 강조하는 측면에서 뵈네와 번바움의 의견에 동의했다. 여기서 이미징은 그 자체로 주체가 된다. 그리고 "이미징과 이전의 시뮬레이션 형식 사이에 존재하는 큰 차이는 바로, 이미징이 모방하는 것이 어떤 특정한 생각이 아니라 생각하는 것 그 자체라는 점이다."[6]

주체

피터 아이젠만Peter Eisenman은 엘리자베스 그로츠Elizabeth Grosz의 책 *Architecture from the Outside*의 서문에서 다음과 같이 서술한다. "건축 공간 사이에서 일어나는 것은, 문자 그대로의 지각 혹은 청각적인 감각이 아니라, 신체가 공간에서 느끼는 정서적 반응이다. 이러한 느낌은 실제 있는 것들로부터 일어나는 것이 아니라, 건축 공간이 지니는 가상적 가능성으로부터 비롯된다. 이것은 무언가의 정체가 갖는 한계의 모서리를 허물어 놓는 것이다… [우리는] 오직 건축에서만 시간적 가상성과 담겨진 아이디어를 생각하고 경험할 수 있다."[7]

아이젠만의 이러한 관찰은 건축에 대한 하나의 끊임없는 도전을 포착한다. 그것은 현상학으로 되돌아가지 않으면서, 시간과 공간적인 면에서 인간 주체를 완벽하게 이해하고 고려하는 것이다. 현상학은 똑같은 주체를 실존적이고 형이상학적인 특이점으로 일축하는 경향이 있다. 한편, 아이젠만의 진술에 함축되어 있는 것은 공간을 지각하는데 필요한 신체 존재의 필요성이다. 대체로 이것은 그 존재가 분명함에도 무시되어 오곤 했다. 또는 그로츠가 말한 것처럼 "신체는 … 비록 숨어있거나 사실상 가려져 있더라도 이미 존재하는 것이다. 신체는 건축에서 존재하지 않고, 언급되지 않은 상태로 남겨진다… 신체의 흔적은 항상 건축에 존재한다."[8] 반복해서 말하지만, 이러한 관점에서 VR은 공간적, 시간적 지점에서 주체를 주인공으로 만들어주는 탁월한 매체이다. 왜냐하면, VR은 건축의 몰입적 상태를 시뮬레이션해주기 때문이다. 이를 통해, 우리는 현상의 embodiment를 탐구할 수 있고, 공간에 관해 우리가 걱정하는 부분을 시각적 지각과 신체의 움직임을 통하여 탐구할 수 있다. 신경 생리학에서 embodiment는 더 이상 단순히 "육체적 자각"이 아니다. 이는 오히려 "바디 스키마 안에서 요소의 표상을 통해 작동하는, 복잡하고 다양한 구성 요소의 현상으로 이해된다…"[9]

그러므로, 공간은 미리 주어지거나 고정된 독립체가 아니라, 거주하는 주체에 의해 지속적으로 구성된다. 공간 속에 존재하는 것은 지속적으로 둘러싼 환경과 무언가를 주고받음으로써 리얼리티의 감각을 형성하는 것이다. 신경 생리학의 중요한 발전은 세계에 대한 우리의 감지 행위가 기존에 생각했던 것보다 훨씬 주관적이고 조작이 용이함을 알려준 것이었다. 신경 처리 과정의 가소성과 뇌의 구성 및 기능은 개별적인 경험들과 주어진 환경으로부터의 인풋들을 처리한다. 이것은 이전에 제안되었던 모델들보다 훨씬 복잡하고 상호 간이 더 긴밀한 방식이다.

    이러한 발전은 이전까지 가정해왔던, 인간의 지각이 사전에 만들어지고 고정된다는 점에 대해 의문을 제기한다. 또한 이는 우리와 세계와의 관계에서 세계를 완전히 외부적인 것으로 간주해온 생각에 이의를 제기한다. 뇌의 복잡한 네트워크에서의 신경 처리 과정과 변경 가능한 시냅스에 대한 연구는 이와 관련하여 근본적인 통찰과 제의를 일으킨다. 이에 대하여 신경 생리학자인 볼프 싱어Wolf Singer는 사전 경험과 감각적 입력 사이의 지속적인 협상을 끊임없는 신경 노동으로 묘사한다. "교차-양상 통합작용"에 대한 그의 설명은 다음과 같다. 우리의 '리얼리티' 감지는 감각적 소스들과 인풋들이 대뇌와 신경에서 교섭되며 만들어진다. 일상화된 감각적 인풋은 새로운 연구가 의미하는 바에 대한 안티테제를 형성한다.[10]

    마찬가지로, 자아의 전형self-embodiment과 자아의 구성construction of the self에 대한 탐구를 위해 VR에 관한 연구를 진행해왔던 철학자 토마스 멧칭어Thomas Metzinger는 자기 자신이라는 개념이 우리가 거주하는 세상으로부터의 감각적 인풋과 인상 그리고 정보의 흐름에서 분명하게 구체화되지 않은 상태로 있음을 제시했다. 그는 인간의 자아가 존재하지 않으며, 오히려 우리가 가지고 있는 것은 "현상으로서의 자아들phenomenal selves," 즉 의식적 경험에 의해 나타나는 것으로서의 '자아들selves'이라고 주장한다.[11]

    이는 우리 각자가 여러 개의 신체와 자아로 구성되었음을 드러낸다. 이것의 복합적인 다중성, 그리고 잠재성은 1990년대의 건축 이론에서 '가상'으로서 일반적으로 다뤄진 부분이다. 자아의 이러한 다중성 혹은 조작이 용이한 점은 자아와 그것이 거주하는 공간적 맥락 사이의 분명한 정의를 무너뜨린다. 대신 이는 주체와 공간 사이의 역동적인 관계를 나타낸다. 그 공간에서는 움직임이 중요하며, 파동과 변동 그리고 전환이 지속적인 변화를 불러일으킨다. 이러한 변화는 주체가 가상 공간에 거주하는 만큼, VR이 제공하는 가상적 몰입환경의 구성요소인 가상 이미지에 영향을 끼치게 된다. 이러한 이유로, 이는 앞서 언급했던 정체성과 공간의 구성에 있어서 아주 직접적이고도 밀접한 접근을 가능하게 한다.

가상 공간

1990년대 이래로 '가상'이라는 용어는 건축 담론의 일부로 존재했다. 이 용어는, 건축 작업의 과정에서 컴퓨터가 등장함에 있어서, 전통적인 드로잉과 디자인 모델을 컴퓨터가 어떻게 디지털로 구현해내는지를 지정하는 말이었다. 그러나 이것의 철학적 아이디어도 마찬가지로 중요했다. 그것은 세상과 '-되기becoming'의 다양한 가능성들을 고심하는 것이다. 이러한 맥락에서, 프랑스의 철학자 질 들뢰즈의 탐구는 중요하다. 그의 글에서 '가상'은 순수한 혹은 내재하는 차이를 구현하는 것을 뜻한다. 예를 들어, 이것은 지속해서 차이를 만드는 단일 표면 유형의 등장에 영향을 주었다. 그리고 [접어서 주름을 만드는] 폴딩 테크닉은 말 그대로 들뢰즈의 책 "주름, 라이프니츠와 바로크"에서 따왔다.[12] 크게 보면, 두 가지 타입의 '가상'이라는 개념이 동시에 건축에 영향을 끼친 것은 우연일 수 있다. 그러나 이들이 동시에 만난 영향은 상당했다. 기하학적 변주의 끝없는 배열을 가능하게 해주는 디지털 기계는 기하학적 요소와 형태, 그리고 구성을 만듦에 있어서 지금까지도 이어지는 자유 방임적인 상황을 만들어 냈다. 이는 차이를 만드는 시스템을 통한 '-되기'의 무한한 스펙트럼에 대한 아이디어로서 [건축에서] 반향을 일으켰다. 또한 이는 모든 형식의 변형과 차이를 만드는 것에서 시간적 차원을 필수로 만들었다. 따라서 '가상'의 컴퓨터 시뮬레이션에서 이뤄지는 '형태 만들기'의 자유는 다중성과 잠재성으로 대변되는 철학적 아이디어로서의 '가상'과 하나의 큰 울림을 함께 형성하고 있다고 볼 수 있다.

VR에서의 '가상'은 컴퓨터에서의 해당 개념과 같은 역사를 공유하며 이는 분명한 지점이다. 그러나 '가상 현실'은 그렇지 않다. 이 말은 프랑스의 극작가 앙토냉 아르토Antonin Artaud가 1938년 그의 책 *The Theatre and Its Double*에서 이미 사용하였다. 이로부터 20여년 후에, 미래의 영화를 만들고 싶었던 촬영감독이자 발명가인 모턴 하일리그Morton Heilig는 '센소라마'라는 다중 감각의 몰입형 VR 장비의 특허를 얻어냈다.[13] 1980년대에는, 컴퓨터에 관한 철학자이자 과학자인 재론 래니어Jaron Lanier가 그의 동료와 함께 VR 헤드셋을 상업용으로 출시하며 '가상 현실'이라는 용어를 대중화했다. 하지만, VR은 최근 들어서야 기술의 발전 및 장비에 드는 비용의 절감으로 인해 광범위한 분야에 걸쳐 다양한 방식으로써 일반적으로 사용할 수 있게 되었다.

'가상 공간'이라는 표현의 두 번째 용어는 건축에서 보다 분명하다. 공간에 관한 질문은 20세기에 있어서 디서플린의 주요한 고민 중 하나였다. 이는 지그프리드 기디온Sigfried Giedion이 1941년에 쓴 "공간.시간.건축"에서 징후를 드러낸 바 있다.[14] 그러나, 여기서 공간 프로젝트에 내재한 문제점은 찾기에 어려웠다. 형태와 관련하든 혹은 형태적이진 않지만 시적인 지점과 관련하든 간에, 사실 건축 디자인은 실질적으로는 물리적인 형태를 만드는 걸 고민해왔다. 여기서 공간은 기하학적으로 정의된 형태에 의한 빈 영역 — 소위 말해, 하다 보면 남는 부분 — 이었다. 기디온은 자신의 책의 서문에서 다음과 같이 말한다. "오늘날 우리는 공간이 발하는 볼륨의 힘에 다시 주의를 기울인다... 우리는 볼륨이 그저 울타리를 두르다 보면 내부 공간의 모양이 주어지는 것처럼 공간에 영향을 끼쳐왔다는 점을 다시 깨닫는다."[15] 볼륨 — 즉, form — 안에서 공간을 둘러 묶는 지점에서, 기디온은 명쾌하게 공간을 형태를 만들다 보면 도출되는 부차적인 결과물로 강등시킨다. 건축가가 어떤 식으로 공간적 결과를 상상하고 불러내든지 간에, 건축적 프로덕션의 주요한 방식으로서의 공간은 형태를 디자인 하다 보면 나오는 것이었다. 공간은 20세기에 걸쳐서, 터놓고 말할 수 있는 건축적 고민거리에서부터 점차 멀어지며, 건축가가 불러내고 건축이 궁극적으로 전달함에도 불구하고 직접적으로 고민할 수 없는 대상이 되었다.

그러나, 공간과 복합적 시공간에 관한 가장 중요한 연구는 20세기에 이루어지지 않았다. 대신, 19세기의 미술 및 건축 이론가들로부터 이루어졌다. 그들은 대부분 독일인이었으며, 이중에는 아돌프 힐데브란트Adolf Hildebrand(1847-1921), 하인리히 뵐플린Heinrich Wölfflin(1864-1945), 그리고 아우구스트 슈마르조August Schmarsow(1853-1936)가 대표적이다. 이들은 시각적 지각과 몸의 움직임 그리고 예술적 형태와 공간 사이의 관계에서 지대한 영향을 가져올 아주 예리한 진보를 끌어냈다.[16] 그들은 생리학과 심리학을 동시에 연구한 것으로 알려져 있으며 이는 디서플린과 과학으로서의 심리학의 발흥에 간접적으로 이어져 있었다. 즉, 이는 "경험의 인식론적 통용"과 이어져 있다.[17]

따라서, 이 이론들은 인간 주체가 결부되는 지점에 핵심이 달려있다. 시각과 공간 지각에 대한 질문은 인간 주체라는 개념 없이는 아무런 의미가 없다. 그러나 중요한 것은, 주체는 고정되거나 공간에서 고정된 지점을 점유하는 개념이 아니라는 점이다. 주체를 고정하는 개념은 원근법적인 투영의 구축에서 비롯되며 오늘날까지도 여전히 지배적인 시각적 표현 방식이긴 하다. 예를 들어, 힐데브란트는 시각과 운동 감각적 — 특히 눈의 움직임에 기반한 — 인 지각 사이를 구별함으로써, 예술-건축적인 형태 — 이미지를 통하여 지각되는 — 와 공간에 대한 이해 사이의 미묘한 역학을 서술한다. 그는 우리가 대상을 '원거리에서 바라보며' 2차원적으로 지각하는 것과 '가까운 거리에서 바라보는 것'을 구분한다. 후자는 눈의 움직임과 오브젝트 주변에서 일어나는 움직임을 통해 만들어진다. 이 역학에서 핵심은 깊이에 대한 지각이다. 이것은 공간 경험의 가장 주요한 부분이다. 그리고 이는 '원거리를 보는 것'과 '가까운 거리를 보는 것' 사이에서 나오는, 진짜 혹은 가상의 움직임을 필요로 한다.[18]

19세기가 끝날 무렵, 슈마르조는 공간에 대한 관심이 극에 달했다. 그리고 공간을 어떤 식으로 탐구 할 수 있는지에 대한 개념적인 바탕을 20세기에 제공했다. 그는 건축을 공간에 대한 '창작자'라고 언급한다. 이에 관해 건축 역사가 미첼 슈와저Mitchell Schwarzer는 다음과 같이 서술했다. "슈마르조는 지각 경험론 패러다임의 선구자로서, 건축을 공간을 창조하는 것으로서 이해한 거의 최초의 인물이다."[19]

해리 몰그레이브Harry Francis Mallgrave와 엘레프테리오스 이코노무Eleftherios Ikonomou는 다음과 같이 주장한다. "건축 공간에서 비전과 움직임에 대한 개념은 전적으로 슈마르조로 인해 성립할 수 있었다. 그리고 공간 경험에서의 단순히 시각적인 것을 넘어서는 운동 감각적 영향 또한, 우리는 그를 통해 깨달을 수 있었다."[20] 즉, 슈마르조의 아이디어는 공간의 경험에서 단순히 시각적인 것이 아니라 몸 전체의 역할을 강조한다. 이들의 주장은 다음으로 계속된다.

> "공간 생성으로서의 건축에 있어 주요한 관심사는 … 주체와
> 이를 둘러싸는 영역이다. 즉, 실제 공간의 생성에서 가장 중요한
> 차원은 바로 깊이이다. 우리 몸은 그 구성상 언제나 공간에 방향을

부여한다. 얼굴과 팔다리의 방향은 무엇이 앞에 있는지, 우리가 앞으로 가는지 혹은 뒤로 가는지를 결정한다. 이러한 방법으로, 방향은 [주체를 둘러싼] 모든 공간적 영역을 '거주의 공간'으로 변환시킨다. 시각이 아닌 우리 몸 전체가 공간 경험의 중심에 있는 점으로 인해, 너비 차원의 최소 표준은 두 팔이 왼쪽과 오른쪽에 도달하는 것과 일치한다.

이에 덧붙여, 앞으로 나아가는 움직임은 단지 실제에 그치는 것이 아니라 가상도 될 수 있다. 우리는, 자신의 움직임을 상상하고, 폭과 깊이의 다양한 치수를 측정하고, 움직이지 않는 선과 면과 볼륨을 눈의 움직임과 근육의 감각에 의지함으로써, 우리의 비전을 공간적 형태에 투영할 수 있다... 우리의 공간적 투영은 항상 감각의 내부적 투영이다... 건축의 역사는 이제 우리의 '공간의 감각'의 진화이다. 재료, 기술, 그리고 구축의 방법은 이 예술[건축]의 발전에 있어 그 역할이 오직 부차적인 수준에만 머무를 것이다."[21]

19세기 미학 이론에 대한 관심이 높아지면서, 건축이 개념적으로 그리고 이론적으로 지난 백 년 동안 어떻게 형성되어 왔는지에 관하여, 이것의 근본적인 측면을 다시 생각할 수 있는 기회가 왔다. 모더니즘은 디서플린에 대해 환원주의적이고 불구적인 영향을 끼쳤다. 가장 엄밀하고 전통적인 측면에서의 포멀리즘은 — 형태를 생산하는데 있어서 디서플린을 잡다하게 남용해온 것과 마찬가지로 — 디서플린에 대한 '과도한 의무'를 쏟아내며 이를 너도나도 도입하는 상황에 젖어든다. 오늘날에는 학계와 실무 둘 다 활동량은 많지만 새로운 것은 별로 없는 경향이 있다.

이런 와중에, 어쩌면 컨템포러리 테크놀로지, 디서플린에서의 관점의 변화, 그리고 더 작고 극미한 스케일에서의 표현에 대한 관심 등은 건축 디자인의 새로운 기회를 열어줄지도 모른다. 건축에서 인간의 신체가 존재한다는 점은 오랫동안 부정되어 왔으나, 앞으로는 이것이 건축이 정체되어있는 상황을 깨트릴 주역이 될지도 모른다. 인간 신체가 존재하는 것은 들뢰즈의 '가상' 또한 실제 경험의 조건으로서 존재함을 나타낸다. 오스트레일리아의 철학자 엘리자베스 그로츠는 다음과 같이 말한다. "칸트가 제안했듯이, 공간과 시간이, 우리의 관념을 가능하게 하고 또 이 관념을 전제로 삼는 '선험적인 정신 혹은 관념적인 범주'라는 점을 나는 아니라고 받아들인다. 오히려, 이것은 선험적인 물질의 범주이다. 이 범주에는 무언가의 정확하고 독특한 특징이 신체가 갖는 역사문화적 특정성과 평행을 이룬다... 공간이 가능할 수 있는 지점의 한계는 물질성corporeality의 방식에서 가능할 수 있는 지점의 한계와 같다. 즉, 신체의 무한한 유연성은 시공간적 우주의 무한한 가소성에 대한 척도이며, 이 우주는 그 안에 수용되고, 신체는 이를 통해 진짜가 되고 생명을 얻고 영향력을 갖는다."[22]

VR은 이러한 모든 것들을 실현해내며, 건축가에게 건축이 다루는 핵심적 요소에 대한 독특하고 실험적인 접근을 선사한다. 여기서 테크놀로지 그 자체만으로는 전혀 흥미롭지 않다. 이미지와 신체, 그리고 신체의 움직임 또한 마찬가지다. 이 모두는 디서플린에 관계될 때 비로소 흥미로워진다. 한편으로, VR 테크놀로지는 이러한 모든 것들이 기묘하게 만나게 되는 매체이다. 그리고 이러한 통합이 효력없는 절충 따위로 일축되지 않는다면, 건축에서의 시공간적 복합성이라는 고르디아스의 매듭은 어쩌면 쉽게 풀어질지도 모른다.

The conference *Breaking Glass II—The Virtual Image* is moderated by
Daniel Birnbaum and Johan Bettum. The contributors are
Martin Beugnet, Isabella Pasqualini, Marco Brambilla, Louisa Clement,
Liam Young, Edward Vessel, and Sanford Kwinter.

Breaking Glass is a series of three annual conferences on
architecture, art, and Virtual Reality hosted by the Städelschule
Architecture Class: *Breaking Glass I—Virtual Reality and Subjectification
in Art and Architecture* in May 25–26, 2018; *Breaking Glass II—
The Virtual Image* in May 4, 2019; *Breaking Glass III—Virtual Space*
in December 4–6, 2020.

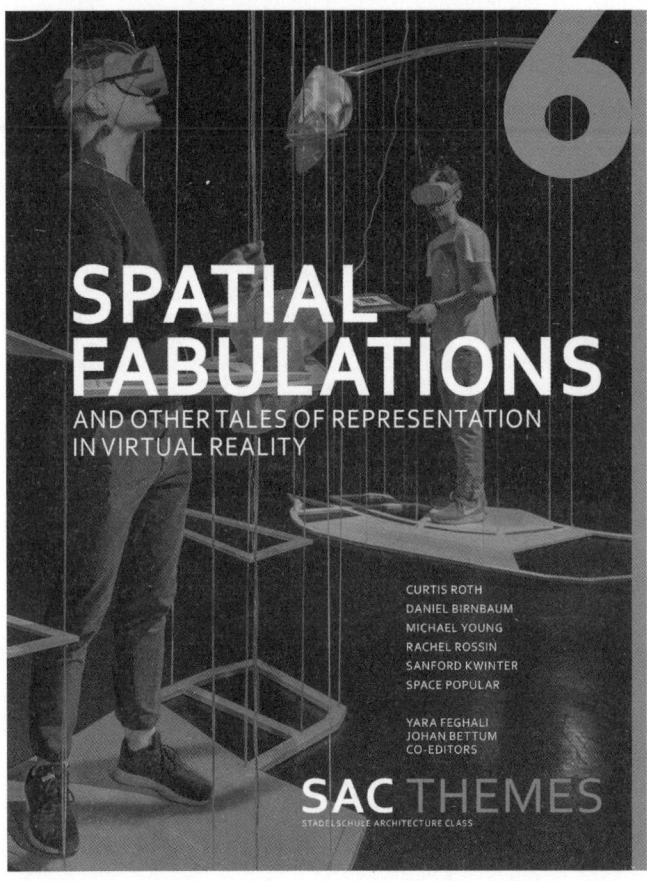

SAC THEMES is publications in the series of the Städelschule Architecture Class, which presents practical and theoretical work at the forefront of contemporary interests in architectural design.

SAC THEMES 6 addresses topics central to Augmented and Virtual Reality in architecture and the arts, and will be published in the second half of 2020. Photograph in the cover © Wolfgang Günzel

Exhibition *Spatial Fabulations & Other Tales of Representation in Virtual Reality*, Mousonturm, Frankfurt am Main, May 1–5, 2019, curated by Johan Bettum, part of conference *Breaking Glass II— The Virtual Image*. © Stefan Wieland, Haewook Jeong

Exhibition *Narratives in Boundless Space—Cartographies of Venice*, S.a.L.E Docks, Venice, November 12–17, 2018, curated by Johan Bettum, part of Goethe Institut's Programme, *Performing Architecture* during the 2018 Architecture Biennale.

Spatial Fabulations and Other Tales in Virtual Reality
Johan Bettum

Since a few years back, the postgraduate master degree studio *Architecture and Aesthetic Practice* at Städelschule Architecture Class in Frankfurt has used Virtual Reality (VR) as an experimental laboratory for exploring architectural questions pertaining to the phenomenon and our experience of space. These experiments have comprised of designing novel, immersive environments where architecture has been explored through the computerised representation of forms and spaces. This digitally produced realm of images supplement and often supplant the traditional role of drawing in the contemporary design process. In the studio the image content has been variously generated by engaging with urban conditions and media-culture, digital systems of image production and surveillance, human perception and the formation of subjective reality, and—last but not least—disciplinary concerns in architecture. In sum, the experiments have explored aesthetic realms and modes of representation that only recently have emerged given a more efficient digital technology that in VR can be used for novel architectural design opportunities and to simulate how architecture is experienced.

The current, rapid development of this technology means that one expects VR to become widely adopted in architecture for project development and presentations. This use of the technology is a far cry from the experiments conducted at the Städelschule. Here the ambitions have been to experimentally probe design opportunities enabled by VR as well as the manner through which spatial immersion and aesthetic experience can be understood in choreographic terms—that is, in terms of how architectural design can stimulate subject movement and participation while engendering a sense of reality.

For these experiments, VR constitutes the architectural medium par excellence. It presents a setting in which the human subject is fully immersed in an image-saturated environment. Thus, the medium offers distinct opportunities for investigating immersive spatial experience in response to sensorial perception and therefore presents an ideal laboratory for exploring questions pertaining to the subjective perception of space. These spatial environments stage the immersed subject in relation to designed forms in a manner that reverberates with the concerns of nineteenth century aesthetic theory. Art and architectural theorists in this period, many in the German speaking part of Europe, explored how visual perception and kinaesthetics were at the heart of spatial cognisance and, therefore, situated the human subject in relation to how our sense of reality is formed. In turn, the work of these theorists can be related to contemporary findings in neurophysiology and aesthetics which suggests that our general perception of space and the sense of reality that it gives rise to are not pre-given. They are susceptible to change conditioned by the endless flow of information from the outside that we process in relation to prior experiences.

In the studio *Architecture and Aesthetic Practice* this has prompted the exploration of contemporary, digital regimes of representation in VR for architectural design. Notwithstanding that VR is a multi-sensorial medium, which hypothetically would accommodate the fact that the aural input is at least as important as the visual in the formation of spatial perception, the experiments have focused principally on the role of images in VR in relation to architecture. The experiments have delivered a range of novel, speculative projects that reflect on contemporary concerns within the discipline and feed new practical and theoretical speculations for architectural design.

The Image

Until about only thirty years ago, the line drawing made up the purview of architectural design. The drawing made possible systems of projection, the encoding and transference of measurable information, and conveyed meaning through accepted norms of representation. This has radically changed in the three decades since then. With the development of digital technology embedded in all systems of production and consumption, computerised processes have come to replace those previously dominated by analogue practices and therefore challenge the concomitant traditional modes of thought.

Thus, the ubiquitous, intense streams of images and the consequences thereof are not merely limited to social media and communication in general but already inscribed and fully at work also in architecture. With its rapid adoption in architecture during the last three decades, the computer generated image fuels the professional and disciplinary imagination in the design process and even has an emerging role in the planning and execution of projects for construction. Notwithstanding the emergent use of programming languages for coding or—its lighter version—scripting, the dominant role of the image is indisputable. The more common use of visual programming in design procedures substantiates the role of the image where this gives visual representation to a non-visual programming language.

However, insofar as the image, since the Renaissance in the form of perspective representation, has been based on and supplemented the line drawing in architectural representation, the basic ingredients for architectural design have for a long time remained largely the same. The current, radical change rests with these ingredients relative roles and importance in the design process. What is at stake is the technology's transformative capacity for architectural design and the degree to which it can re-originate disciplinary concerns and change how we design and produce architecture. The consequences of this are hypothetically formidable and open up for new conceptual paths and formal inventions. Beyond the veneer of the obvious with respect to the image, the changes are more profound than 'what meets the eye' since—pun aside—that 'what' is substantially different in its constitution and distribution to what it used to be. For as long as our attention to the image is focused merely on the screen, these changes will be difficult if not impossible to comprehend.

Images in VR give us access to aspects of the radically different status of the image compared to what the computer screen does. VR situates the human subject within its image-saturated environment in an unparalleled manner as opposed to the framed image on a facing computer screen. It does so without collapsing one thing with the other but by maintaining fine and crucial differences between subject and object, bodily presence and simulated reality, as well as perceptual processes and machinic operations. These differences constitute a new productive intimacy between the subject and the immersive environment made up of images—an intimacy scarcely addressed in architecture but in other disciplines since some time ago. For instance, the French film theorist Martine Beugnet, discussing a 'cinema of the senses,' accounts for views held by protagonists of the French film avant-garde in the era prior to World War II. She writes: 'Only if spectators were immersed in the world created by the film itself would their senses and mind be challenged—and, by extension, their understanding and experience of reality—visible and invisible—questioned and enriched. The power of the cinema thus rested with "purely visual sensations."'[1]

In VR this intimacy between the subject and the medium is exceptional; it facilitates 'an aesthetic of sensation'[2] where the medium works as an intensely capacitated interface between the immersed subject and machinic processes. Insofar as Beugnet's cinematic image is charged by camera movement and the movement in and of the image itself, VR extends this dynamic to the viewing subject, inscribing bodily movements and gestures in the unfolding of the spatial simulation. In this manner a temporal dimension coexists with the spatial and allows for exploring architecture's complex spatiotemporal nature. In consequence, the space cannot be imagined and does not exist without the immersed subject. Writing about time in art film-installations, Daniel Birnbaum notes that 'there is no chronology, only chronological problems, and they are related not only to the issue of temporality as such and to our various modes of relating to time, but also to the very issue of what it means to be a subject.'[3]

Moreover, the immersive space of VR is all image. Not only does the image wrap itself 360 degrees around the immersed subject—the visual experience at any moment in time only limited by the orientation and the visual cone of the subject within the space—but the image has become—so to speak—spatialised. In VR the subject penetrates and occupies this image. It would be as if retinal space has been externalised—or, vice versa, that virtual space has collapsed onto the retina.

Yet, this totality of the image comes with a fundamental difference to the image that, for instance, Beugnet addresses. She addresses it 'at the level of material appearance and formal variations' and 'as an exploration of film's material dimension.'[4] The digital image, however, is not produced by marks of light or the analogue trace of tools on a surface; it is of a very different nature. The architect John May describes it as follows:

> '[I]maging is a form of photon detection. Unlike photographs, in which scenic light is made visible during chemical exposure, all imaging today is a process of detecting energy emitted by an environment and chopping it into discrete, measurable electrical charges called signals, which are stored, calculated, managed, and manipulated through various statistical methods. Images are thus the outputs of energetic processes defined by signalisation, and these signals, in their accumulation, are what we mean when we say the word data. Images are data, and all imaging is, knowingly or not, an act of data processing. It is precisely the energetic basis of all imaging that [...] opened up the possibility of forms of screen movement that were not predicated on the rapid mechanical succession of cinematic still photographs (film) but rather on the exponentially more rapid transmission of electrical signals. In other words, images are inherently dynamic, and our tendency to think of them as fixed is likely related to the psychological residue of drawings and chemical photographs.'[5]

While calling on us to examine the technical basis of architecture very closely, May concurs with Beugnet and Birnbaum in emphasising the temporal dimension of technics. Imaging, then, turns to the subject and '[t]he radical difference between imaging and previous forms of simulation [is that] what imaging simulates is not specific ideas or thoughts but rather thinking itself.'[6]

The Subject

In his foreword to Elizabeth Grosz book, *Architecture from the Outside,* Peter Eisenman writes: 'The in-between in architectural space is not a literal perceptual or audible sensation, but an affective somatic response that is felt by the body in space. This feeling is not one arising from fact, but rather from the virtual possibility of architectural space. It is the fraying of the possible edges of any identity's limits […] Only in architecture can the idea of an embodied and temporal virtuality be both thought and experienced.'[7]

Eisenman's observation captures a persistent challenge for architecture—namely, to fully comprehend and address the human subject in a spatial and temporal sense while not reverting to a phenomenology that reduces the same subject to an existential and metaphysical singularity. On the contrary, the implication in Eisenman's statement suggests the obvious but nevertheless frequently ignored necessity of bodily presence to conceive of space—or, as Grosz herself puts it: '[T]he body […] is already there, albeit shrouded in latency or virtuality. Bodies are absent in architecture, but they remain architecture's unspoken condition […] Traces of the body are always there in architecture.'[8] In this respect—and to repeat, VR is an unparalleled medium for spatially and temporally staging the subject since it simulates the immersive condition of architecture. Thereby, it allows for exploring the phenomenon of embodiment and our apprehension of space through bodily movement and visual perception. In neurophysiology embodiment is no longer merely understood as 'corporeal awareness,' but as 'a complex multi-component phenomenon [that works through] the representation of an element within the body schema […].'[9]

Space, then, is not a pre-given and fixed entity but continuously constructed by the inhabiting subject.

Being in space is to be in constant exchange with the environment and thereby form a sense of reality. Critical advances in neurophysiology suggest that our sensing the world is far more malleable and subject to manipulation than previously thought. The plasticity of neural processes and the brain's make-up and functioning handle individual experience and input from the surroundings in a far more complex, intricate and interrelated manner than what previous models suggest.

These advances question previous assumptions about human perception being pre-cast and fixed. They also challenge the idea that we relate to the world as something entirely external to ourselves. Research on neural processes and modifiable synapses in the complex network of the brain has given rise to radical insights and propositions, and the neurophysiologist Wolf Singer describes a continuous negotiation between previous experiences and sensory input as incessant neural labour. His description of 'cross modal integration' accounts for multiple sensory sources and inputs being neurally and cerebrally negotiated to produce our sense of 'reality.' Routinised sensorial input constitutes the anti-thesis to what this new research implies.[10]

Likewise, the philosopher Thomas Metzinger, who has keenly followed research involving VR to learn about self-embodiment and the construction of the self, suggests that the self is not a neatly reified entity in the flow of information and sensory input from the world we inhabit. On the contrary, he argues that the human self does not exist and that we rather have 'phenomenal selves,' 'selves' as they appear in conscious experience.[11]

Thus, it appears that each of us constitutes multiple bodies and selves, a composite multiplicity and latency that architectural theory in the 1990s generally addressed as the 'virtual.' This malleability or multiplicity of the self breaks down the clear distinction between the self and the spatial context it inhabits. It expresses a dynamic relationship between the subject and the space where movement matters; pulses, shifts and turns engender perpetual change. These changes affect the virtual image—the building block of VR's immersive environment, the virtual space that the medium engenders, as much as the subject that inhabits this space. For these reasons VR gives direct and intimate access to the construction of subjective identities and spaces.

Virtual Space

Since the 1990s, the term 'virtual' has been part of the architectural discourse. With the emergence of computers in architectural work processes, the term designated how these machines digitally can produce renditions of conventional drawings and design models. However, equally important were philosophical ideas that grappled with the multitudinousness of possible worlds and becomings. In this context, the work of the French philosopher Gilles Deleuze was central. In his writing the 'virtual' embody pure or internal difference in itself. This inspired, for instance, the emergence of the continuously differentiated single surface typology, and the technique of folding was in part literally derived from Deleuze's book, *The Fold: Leibniz and the Baroque*.[12] The more or less simultaneous impact on architecture of these two types of the virtual may have been largely fortuitous. However, their concurrence was substantial. The digital machinery, capable of producing, codifying and rostering an endless array of geometrical variation, led till this day to a laissez-faire in the production of geometrical elements, forms and compositions. This reverberated with the idea of an infinite spectrum of becoming through systems of differentiation which inscribed the temporal dimension as necessary and integral to all types of transformations and the production of difference. Thus, the freedom of form-making in the 'virtual' of computer simulations resounded with the multiplicity and latency of the philosophical 'virtual.'

Obviously, the 'virtual' in VR shares history with that of the computer. However, the term, 'virtual reality,' was already used by the French playwright Antonin Artaud in 1938 in his book, *The Theatre and Its Double.* About twenty years later, wanting to create a cinema of the future, the cinematographer and inventor Morton Heilig patented his *Sensorama*—an immersive and multi-sensory VR device.[13] In the 1980s the computer philosopher and scientist Jaron Lanier popularised the term 'virtual reality' while he and colleagues introduced VR headpieces for commercial sale on the market. Yet, only with recent technological developments and reduced costs for the required hardware, is VR becoming more common across a wide spectrum of disciplines and types of applications.

The second term in the expression 'virtual space' seems obvious in architecture. The question of space became one of the principle concerns in the discipline in the twentieth century, symptomatically as much as programmatically set out in Sigfried Giedion's seminal book, *Space, Time and Architecture,* of 1941.[14] However, the inherent problem with a spatial project is that it is elusive. Whether on a formal or a poetic and non-formal level, architectural design practically concerns itself with the making of physical form. Space is the emptiness—the left-over, so to speak—given by geometrically defined form. In the introduction to his book, Giedion writes: 'Today we have again become sensitive to the space-emanating powers of volumes [...] We again realise that volumes affect space just as an enclosure gives shape to an interior space.'[15] When tying space in with volume and, thus, form, Giedion explicitly relegates space to a second order outcome of form generation. Space is what results from the design of form as the principal mode of architectural production notwithstanding how an architect may imagine and invoke the spatial outcome of the work. Increasingly throughout the twentieth century, space progressively receded as an explicit architectural concern to become the epithet of what architects invoke and architecture ultimately delivers but cannot directly address.

However, the most profound work on questions relating to space and the spatiotemporal complex was not done in the twentieth century. Instead, art and architectural historians and theorists in the nineteenth century, most of them German and including Adolf Hildebrand (1847-1921), Heinrich Wölfflin (1864-1945), and August Schmarsow (1853-1936), made incisive and far reaching advances on the relationship between the image (pictorial representation), visual perception, bodily movement, artistic form and space.[16] Their work was informed by contemporaneous research in physiology and psychology and indirectly linked to the rise of psychology as a discipline and science and, thus, to the 'epistemological currency of experience.'[17]

Thus, the theories were hinged on engaging with the human subject, without which questions around visual and spatial perception would make no sense. However and importantly, the subject was not static and occupying a fixed point in space, like the subject within a perspectival construct—the dominant form of visual representation till this day. For instance, by distinguishing between visual and kinaesthetic perception—where kinaesthetic referred exclusively to eye movement, Hildebrand described a subtle dynamics between artistic or architectural form, the visual perception of this through images, and our apprehension of space. He distinguished between our perceiving a two-dimensional 'distant view' of an object and a 'near view' which was engendered by eye movement and the movement around the object. The perception of depth, essential to spatial experience, was at the heart of this dynamics and necessitated real or virtual movement strung out between the 'distant' and the 'near' views.[18]

Towards the close of the century, Schmarsow brought the interest in space to its apotheosis and supplied the conceptual basis for how space subsequently became addressed in the century that followed. He referred to architecture as the 'creatress' of space, and Mitchell Schwarzer has written: 'Schmarsow was the first to formulate a comprehensive theory of architecture as a spatial creation at the frontiers of the paradigm of perceptual empiricism.'[19]

Harry Francis Mallgrave and Eleftherios Ikonomou argue: 'It is only with Schmarsow that the contribution of vision and movement to the notion of architectural space is fully established and that the kinaesthetic implications of our experience of space—beyond the purely visual ones—are fully realised.'[20] Thus, accounting for Schmarsow's ideas, they stress the role of the entire body, not only vision, in our experience of space. They continue:

> 'The principal concern for architecture as spatial creation is […] the enclosure of the subject. Thus the most important dimension for actual space creation is depth. Because of the organisation of our body, we always give space a direction; the orientation of the face and limbs determines what is ahead and whether we are moving forward or backward. In this way direction transforms every spatial enclosure into a "living space." Because the whole human body, rather than just our vision, stands at the center of our spatial experience, the minimal standard for the dimension of width coincides with the reach of our arms to the left and right.
>
> Movement forward, moreover, is not just actual but can be virtual. We can project our vision

> forward into the spatial form by imagining ourselves in motion, by measuring the various dimensions of width and depth, [...] by attributing to the immobile lines, surfaces, and volumes the movement of the eyes and muscular sensations [...] [T]he spatial projection for us is always an internal projection of sensations [...] [T]he history of architecture is now the evolution of our "sense of space." Only on a secondary level do materials, skills, and methods of construction play a role in the development of this art.'[21]

As current interest in this collection of nineteenth century aesthetic theory is rising, time may have come to rethink fundamental aspects of how architecture conceptually and theoretically has been moulded over the last hundred years. Modernism has worked its reductive and crippling powers on the discipline; formalism in its strictest and most traditional sense is dissolving in the onslaught and imposition of extra-disciplinary obligations as well as the disciplinary promiscuity in the production of form; and—thus—current tendencies to attend to form in both academia and practice are prolific but bring little new.

Meanwhile, contemporary technology, a shift in disciplinary focus, and attention to smaller if not minute scales of articulation may open the door unto new opportunities for architectural design. The presence of the human body in architecture, for so long ignored, may be one vehicle for breaking the standstill. Its presence is the presence of Deleuze's virtual, the very condition of actual experience. Elizabeth Grosz states: 'I would contend that space and time are not, as Kant suggests, a priori mental or conceptual categories that precondition and make possible our concepts; rather, they are a priori corporeal categories, whose precise features and idiosyncrasies parallel the cultural and historical specificities of bodies

[…] The limits of possible spaces are the limits of possible modes of corporeality: the body's infinite pliability is a measure of the infinite plasticity of the spatiotemporal universe in which it is housed and through which bodies become real, are lived, and have effects.'[22]

VR sets all this in motion and gives architects unique, experimental access to things that are at the core of what architecture is about. No technology is in and of itself interesting. Nor are images, bodies and movement in and of themselves interesting for the discipline. However, the technology of VR delivers a medium where all these things uncannily converge. A synthesis that does not collapse its terms into a nullifying compromise may cut the Gordian knot of the spatiotemporal complex in architecture.

1. Martine Beugnet, *Cinema and Sensation: French Film and the Art of Transgression* (Edinburgh: Edinburgh University Press, 2007), 22. In the quote, Beugnet uses of the words 'film' and 'cinema' have been replaced by 'medium.' Beugnet discusses Antonin Artaud's writing on the cinema of 1928. See Antonin Artaud, "The Shell and the Clergyman," in *Collected Works*, trans. Alastair Hamilton (London: Caldon & Boyars, 1928/1972), 19–25. Her discussion draws on Gilles Deleuze's writing on the cinema. See Gilles Deleuze, *Cinema 1: The Movement Image* (London: The Athlone Press, 1992) and *Cinema 2: The Time-Image* (Minneapolis: The Athlone Press/University of Minnesota Press, 1989).
2. Ibid., 14.
3. Daniel Birnbaum, *Chronology* (New York/Berlin: Sternberg Press, 2007), 79.
4. Beugnet, *Cinema and Sensation*, 8.
5. John May, "Everything Is Already an Image," *Log* 40 (2017): 9–26 (12).
6. Ibid., 22.
7. Peter Eisenman, "Foreword," in Elizabeth Grosz, *Architecture from the Outside: Essays on Virtual and Real Space* (Cambridge: The MIT Press, 2001), xiv. Eisenman writing this is notable as he is otherwise known as the ultimate purveyor of grid gymnastics and architectural formalism.
8. Grosz, *Architecture from the Outside*, 12–13.
9. Adrián Borrego, Jorge Latorre, Mariano Alcañiz, and Roberto Llorens, "Embodiment and Presence in Virtual Reality After Stroke: A Comparative Study With Healthy Subjects," *Frontiers in Human Neuroscience* 10 (2019): 2, accessed February 4, 2020. https://doi.org/10.3389/fneur.2019.01061
10. Wolf Singer, Presentation during conference *Breaking Glass I*, Städelschule, Frankfurt am Main, 25 May 2018.
11. See Thomas Metzinger, *Being No One: The Self-Model Theory of Subjectivity* (Cambridge: The MIT Press, 2003).
12. Gilles Deleuze, *The Fold: Leibniz and the Baroque*, trans. Tom Conley (Minneapolis: University of Minnesota Press, 1992).
13. The *Sensorama* was developed from the late 1950s and on and patented in 1962.
14. Siegfried Giedion, *Space, Time and Architecture: The Growth of a New Tradition* (Cambridge: Harvard University Press, 1982). The book was based on lectures given at Harvard in 1938.

15 Ibid., xlvii. Giedion's relating form to space via the enclosing function of volumes echoes Gottfried Semper's interest in the Roman vault for its space-engendering capacity. See Harry Francis Mallgrave and Eleftherios Ikonomou, "Introduction," in *Empathy, Form, and Space: Problems in German Aesthetics, 1873–1893*, ed. Harry Francis Mallgrave (Los Angeles: The Getty Center for the History of Art and the Humanities, 1994), 1–85.

16 For a collection of these writings and a major introduction to central topics, see Harry Francis Mallgrave, ed., *Empathy, Form, and Space: Problems in German Aesthetics, 1873–1893* (Los Angeles: The Getty Center for the History of Art and the Humanities, 1994).

17 See Zeynep Çelik Alexander, *Kinaesthetic Knowing: Aesthetics, Epistemology, Modern Design* (Chicago: The University of Chicago Press, 2017), 44. In her book, Alexander revisits central parts of this history and builds a convincing case for an alternative history leading up to modernism.

18 It is precisely in this dynamics that also the idea of a choreographic space resides—a space that gives rise to impulse for movement.

19 Mitchell Schwarzer, "The Emergence of Architectural Space: August Schmarsow's Theory of 'Raumgestaltung'," *Assemblage* 15 (1991): 50–61 (50). Schwarzer refers to Schmarsow inaugural lecture as a professor at Leipzig University in 1893.

20 Mallgrave and Ikonomou, "Introduction," 39.

21 Ibid., 61–62.

22 Grosz, *Architecture from the Outside*, 31–32.

오늘날 건축을 만들어내는 것은 무엇인가
피터 트루머 인터뷰

<u>첫 질문은 단순하지만 사실 어려운 질문입니다. 건축이란 무엇입니까? 선생님께서는 2015년에 SCI-Arc에서 하셨던 강연에서 건물과 건축을 구분하고자 하셨는데, 구체적으로 이 둘을 어떻게 구별하시나요? 그리고 건축에서 건물이 얼마나 중요한가요?</u>

그 아이디어는 웅어스Ungers의 생각에서 출발합니다. 그는 자신의 글을 통하여 이 둘을 다음과 같이 구분합니다. 건물은 임의성에 기반하고 있으나, 반면에 건축은 특정한 아이디어의 지배 아래에 있습니다. 다시 말해, 건물은 건축 외부의 요소로부터 결정됩니다. 그 요소에는 자본, 경제, 클라이언트, 산업 등이 포함됩니다. 그러므로, 단지 '지어지는 행위'를 위해 복무하는 건축가들이 있다면, 그들이 스스로를 '건축가'라고 부를지라도, 나는 그들을 '건축가'라고 부르고 싶지 않습니다. 오히려 '빌더'라고 부르고 싶습니다.

반면에 건축은 건축 외부의 것들과는 별개의 것입니다. 그러므로 건축은 건물과 구별되는 지점을 갖습니다. 건축은 아이디어에 의해 주어집니다. 이 아이디어는 세상에 대한 건축가의 아이디어를 뜻하며, 특히 세상이 어떻게 생겨야 하는지 혹은 어떻게 되어야 하는지에 관한 생각을 가리킵니다. 건물이 어느 순간부터 단지 그저 세상이 건물에 요구하는 지점을 벗어나서 특정한 아이디어를 담고 있게 될 때가 있습니다. 여기서 우리가 이 둘을 구분해야 하는 이유는 단순합니다. 우리가 구분하지 않으면 모든 건물은 건축으로 분류될 것이거든요. 다시 돌아가서, 이 건물은 건축으로 저 건물은 그저 건물로 만드는 것은 무엇일까요? 저는 '저작자author'가 분명히 규정한 아이디어를 건물이 담아낼 때, 건물은 건축이 된다고 생각합니다. 이러한 이유로 우리는 우리의 교육 기관들을 '건축 학교'라고 불러요. '건물 학교'라 부르지 않아요.

> author는 피터 트루머 건축관의 가장 중요한 개념 중 하나이며, 건축적 아이디어를 처음으로 제시하는 원저작자이자 창작자를 의미한다. 이는 특정 건축 아이디어에서 authorship은 누가 가지고 있는가를 논할 때, 다시 말해 아이디어의 주인이 누구인가를 가려낼 때 중요하게 사용된다. 그리고 오늘날의 건축은 더이상 사람에게 authorship이 없다는 그의 주장으로 이어진다. 이 글에서는 문맥에 따라 저작자 혹은 아이디어의 주인 등으로 쉽게 풀어서 번역되었다.

또한, 건축가는 건물을 짓지 않아요. 건물에 대한 표상[이를테면 도면과 렌더링]을 제작합니다. 이것이 의미하는 바는, 우리가 건물이 어떤 모습이어야 하는지에 대한 아이디어를 표상한다는 것입니다. 즉 건축가는 절대로 무언가를 직접 짓지 않아요. 대신 드로잉 등의 표상 안에서 건물에 관한 아이디어를 드러낼 뿐입니다.

그렇다면 나에게 아이디어가 있다는 것은 언제 알 수 있을까요? 우선, 아이디어는 세상을 특정한 방식으로 정의하여야 합니다. 이는 아이디어의 주인이 시대의 특정한 지점을 차지한다는 의미입니다. 어떤 생각을 건축적인 아이디어로 가다듬기 위해서는, 다른 건축 프로젝트와의 소통이 이뤄져야 합니다. 어떤 아이디어가 흥미로운지 아닌지의 여부는, 이것이 기존의 다른 건축 아이디어와 연결되는 지점에서 판가름 될 거예요. 즉 건물 안에 담긴 아이디어에 대하여 이뤄지는 담론이 바로 건축 담론입니다. 그러므로, 만약 당신이 '이 건물이 어떤 아이디어를 담아내고 있다'라고 주장하고 싶다면, 당신은 건축 담론에 참여하셔야 해요. 그래야만 유효해집니다. 예를 들어, 르 코르뷔지에가 자신의 건축 아이디어들 — 도미노 하우스와 근대 건축의 5원칙 — 을 떠올렸을 때, 그는 이 생각들이 하늘에서 떨어졌다고 얘기하지 않아요. 오히려, 그는 이것이 과거의 신전을 현대식으로 재해석하려는 시도라고 말합니다. 이렇게 되면, 그의 주장에는 건축 디서플린의 역사로 향하게 되는 연결고리가 생겨요. 그리고 그 담론 안에서, 우리가 건축을 어떻게 인식하는지에 대한 논의가 자리하게 됩니다.

그렇다면, 건물은 건축에서 왜 중요한가요?

우리는 여기서 두 가지 다른 종류의 역사를 구분할 필요가 있습니다. 일례로 독일 건축 학교에서는 '건물의 역사'와 '건축의 역사' 이 두 가지를 구분합니다. 전자는 Baukunst[건물의 예술]이라고 불리고 후자는 Architecture[건축]라고 불립니다. 건물의 역사 — 혹은 Baukunst — 는 지어지지 않은 프로젝트는 취급하지 않아요. 그들은 '지어진 것'만 고려합니다. 그렇게 되면 지어지지 않은 모든 아이디어는 제외되어요. 이 때문에, 저는 '건물의 역사'에 관심이 없습니다. 대신 '건축의 역사'에 관심이 있어요. 왜냐하면 지어진 것과 지어지지 않은 것 모두를 아우르니까요. 아이러니하게도, 저는 지어진 것보다 지어지지 않은 아이디어가 처음엔 더 많다고 생각합니다. 결국 이것들은 다른 이들에 의해서 나중에 지어집니다. 게다가 건축에서는 지어진 프로젝트보다 지어지지 않은 프로젝트 중에서 더 중요한 게 많아요. 예를 들어, 렘 콜하스가 CCTV를 지었을 때, 아마 다들 그것이 피터 아이젠만의 '막스 라인하르트 타워 Max Reinhardt Tower'에서 왔다는 걸 눈치챘을 겁니다. 다른 고전적 예시로는 르 코르뷔지에의 '도미노 하우스'가 있어요. 원래 이 프로젝트는 신전의 재해석입니다. 사실 그 신전도 무언가의 카피이겠죠. 즉, 건축은 드로잉과 모델 등에 깃들어 있는 지어지지 않은 아이디어들의 모음집 같은 것입니다. 이러한 이유로, 저는 건물의 역사보다 건축의 역사가 더 중요하다고 여깁니다. 이것은 오래되거나 지어지지 않은 모든 아이디어에 관한 표상을 다 포함하니까요.

저희가 생각하기엔, 현재와 미래의 건축 세대들은 아마 [말씀하셨던] 건축적 아이디어에 관해서는 그다지 관심 없고, 단지 건물을 짓는 것에만 관심이 있을 것 같습니다.

저는 그게 항상 그래왔다고 생각합니다. 우리는 역사에서 항상 아주 소수의 사람만 건축에 관심을 가졌다는 것을 기억해야 합니다. 나머지는 그저 건물을 짓고 싶어 해요. 중요한 것은, 건축에 관심을 두는 이 소수의 사람들이 그 아이디어를 지어진 형태로 실현하는 나머지 사람에게 영향을 끼친다는 점입니다. 좀 우습지만, '악마는 프라다를 입는다'의 한 장면을 예로 들게요. 여러분들은 이를 통해 내가 건축과 담론에 대해서 어떻게 생각하는지 유추할 수 있어요. 영화 속에서, 편집장 미란다(메릴 스트립 분)는 아래 직원과 거의 똑같아 보이는 두 벨트 사이에서 뭘 고를지 고민합니다. 해당 직원에게 두 개는 너무 다른 선택지여서 고르기가 쉽지 않아요. 그런데 여기서 주인공 앤디(앤 해서웨이 분)는 이 상황을 보고서 그냥 피식 웃어버립니다. 왜냐하면 앤디에게는 둘 다 똑같아 보였거든요. 여기서 미란다는 앤디를 보며 얘기합니다. "너랑 상관없는 일이라고 생각하나 보네." 그리고서 미란다는 지금 앤디가 입고 있는 스웨터의 파란색은 그냥 파란색이 아니라, 세계적인 디자이너가 디자인에 사용했었던 아주 특별한 세룰리안 파란색이며, 나중에 수많은 카피를 통해 널리 퍼져 일반 옷가게 — 이를테면 H&M같은 — 에 이르게 되고, 마지막으로 앤디가 그 스웨터를 고른 중고 매장까지 이르게 된다고 말합니다. 그리고 "사실 네가 그 스웨터를 입는 것은 이 방 사람들이 너를 위해 고민했기 때문"이라고 이야기합니다. 이와 비슷한 구조로, 저는 건물을 짓는 사람들이 건축적 아이디어를 가진 건축가들에게 의존한다고 주장하고 싶어요. 건축가들이 아이디어에 대하여 논의하는 것, 저는 이것을 건축의 담론이라고 부릅니다. 그리고 오직 소수의 장소에서 소수의 사람만 여기에 관심을 가질 것입니다. 대체로 이들은 그리 유명하지 않아요. 유명한 사람들은 건물을 지음으로써 유명해집니다.

> 말씀하신 부분은, '건축은 아이디어로부터 시작되며, 이는 다른 사람들로부터 발전된 다음, 마지막으로 일상의 건물에 스며든다'라고 정리하면 될까요?

맞아요. 간단한 예시를 들어볼까요? 한국 같은 아시아 국가들에 있는 고층 주거 프로젝트를 생각해보죠. 이러한 고층 형태의 유형은 1920년대 모더니스트들에 의해 발전된 아이디어입니다. 오늘날 누군가는 다른 모양의 입면 등으로 같은 유형이지만 새로운 건물을 디자인할지도 모릅니다. 하지만 그럼에도 그 아이디어는 20년대의 것에서 비롯된 것입니다. 심지어 그 당시에도 이 아이디어는 새로운 것이 아니었어요. 사실 이것은 클로드 니콜라스 르두Claude-Nicolas Ledoux의 작업에서 유래하였습니다. 본래의 아이디어는 처음에는 아이디어로서만 지속하여 오다가, 어느 순간에 건물의 형태로 실현됩니다. 이것이 제가 이해하는 건축의 역사입니다. 우리가 할 일은 그저 이러한 아이디어들이 어디서 생겨나는지 찾아내는 것입니다. 이러한 아이디어가 생겨나기 위해서는, 특정한 사람과 시대 정신, 그리고 담론이 필요합니다. 라파엘 모네오는, 일단 유형론typologies — 새로운 형태의 구축을 의미하는 — 에 참여하면 이것은 건축에 관여하는 것이 된다고 말했습니다. 왜냐하면, 이 참여자는 어느새 건축 담론에 있어온 아이디어들과 소통하게 되기 때문입니다. 저는 하나의 건축 아이디어를 제대로 발전시키는 것은 모든 건축가들 각자의 일생에 있어 가장 도전적인 일이라고 생각합니다. 그리고 혹시 여러분이 유명한 빌더가 되길 원하신다면, 필립 존슨이 말한 것처럼 누군가의 아이디어를 훔쳐서 좋은 방식으로 평생 짓기만 하면 됩니다. 무언가를 발명하려 하지 말고, 그냥 하나 훔치면 돼요. 그러면 당신은 유명해질 수 있습니다.

Zero Architecture[1]에 관한 아이디어를 최근에 발표하셨는데, 이를 오늘날의 시대적 맥락과 관련하여 설명해 주실 수 있나요?

*Zero Architecture*는 우리의 시대적 맥락을 반영하려는 [건축적] 시도입니다. 이 아이디어의 요지는 아주 간단합니다. 만약 건물이 다른 건물의 아이디어에서 비롯되는 것이라면, 그리고 만약 우리가 (인간 주체로서의) 건축가의 관점이 아닌 건축적 요소의 관점에서 무언가를 디자인할 수 있다면 그것은 어떤 모습일까요? 이것이 전체 아이디어의 바탕입니다. 저에게 이것은 '건축에서 아이디어는 어떻게 등장하는 걸까'라는 질문과 연결됩니다. 미국의 이론가 앤서니 비들러Anthony Vidler는 18세기부터 건축의 형성에 영향을 준 3가지 유형에 관하여 서술합니다. 여기서 그의 '유형'이라는 단어의 사용은 기존에 이 단어가 사용되어온 의미와는 좀 다릅니다. 세 가지중 첫 번째 유형은 자연입니다. 우리가 자연을 모방하는 과정에서, 자연은 모든 건축의 원천이던 때가 있었습니다. 두 번째 유형은 테크놀로지[기술]입니다. 그리고 세 번째로 그가 소개하는 유형은 바로 도시입니다. 이 관점이 특별한 이유는, 도시는 전적으로 사람들이 구축해온 인공물이기 때문입니다. 이 부분은 왜 60-70년대에 건축가들이 도시에서 등장한 새로운 유형들을 다뤄왔는지를 설명해줍니다. 이 지점에서, 저는 오늘날의 도시는 전통적인

방식으로 존재하기보다는, 철학자 티모시 모턴Timothy Morton이 '하이퍼 오브젝트'라고 지칭한 방식으로 존재한다고 생각합니다. 하이퍼 오브젝트는 시공간적 특이성을 초월할 만큼 시간과 공간에 너무 많이 분포되어있는 오브젝트를 의미합니다.[2] 이러한 관점에 따르면, 우리는 더 이상 우리가 구축해왔던 도시에 접근하거나 이를 이해할 수 없습니다. 도시는 전통적인 표상의 형식으로 접근 가능한 오브젝트를 더 우리에게 주지 않습니다. 이제 도시가 우리에게 주는 것들은 우리가 접근할 수 없기 때문에 이해할 수 없어요. 여기에 좋은 사례로, 제가 늘 강연마다 언급하는 제 사무실의 창문이 있습니다.[3] 물론 이 창문은 건축가가 그렸겠지만, 그런데도 저작자가 없어 접근할 수 없는 아주 전형적인 대상입니다. 이 창문은 단지 지구온난화 때문에 저렇게 존재합니다. 저희 건물 관리자분께 제가 "왜 제(사람)가 직접 이 창문을 열 수 없나요?" 하고 물었더니, 그분이 그러셨어요. "이 창문은 당신을 위한 게 아니에요, 이 건물을 위해 존재합니다." 이 사례에서 볼 수 있듯이, 건물은 하나의 오브젝트로서 다른 오브젝트를 디자인합니다. *Zero Architecture*는 이러한 맥락, 즉 '우리는 절대 어떤 오브젝트가 무엇이 될 수 있는지 알지도 못하고 알 수도 없는 상황'에 대한 아이디어입니다. 저의 이론은 우리가 건축을 인간의 시점이 아닌 오브젝트의 시점으로 보아야 함을 시사합니다. 최근 제가 글을 통해서, 로마의 Campo Marzio를 위한 피라네지Piranesi의 평면을 1811년 맨하탄 지역 계획을 통하여 독해하며 설명하는 것도 이와 같은 맥락입니다.[4]

<u>선생님께서는 *Zero Architecture*에서 도시의 건축에 대한 neo-realist적 접근을 말씀하셨는데, 이 부분을 좀 더 자세히 설명해 주실 수 있나요?</u>

근원적으로 저의 이론은 최근 동시대 철학자들 — 이를테면 그레이엄 하먼Graham Harman — 의 아이디어에 기반하고 있습니다. 그런데 왜 하필 리얼이즘이냐구요? 제가 예시를 들어보겠습니다. [철학의 역사에 따르면] 15세기까지는 모든 것들이 신에 의해 결정됩니다. 모더니즘에서 거의 모든 것들은 합리적인 인간 주체에 의해 움직여요. 이것은 우리[인간]가 세상을 바라봄으로써 그것을 이해한다는 뜻입니다. 그러다가

비합리적인 것들에 의해 결정되는 포스트모더니즘이 등장합니다. 여기서 우리는 세상에 대해 더는 어떤 확신을 가지거나, 우리 안에 합리적인 무언가가 있다고 생각하지 않아요. 그리고 얼마 지나지 않아서 우리가 유물론 혹은 non-human[인간에 기반하지 않는]이라고 부르는 시대가 옵니다. 이것은 나와 세상 사이의 구분이 사라지는 지점을 의미합니다. 이 지점에서, 인간은 합리적이지도 비합리적이지도 않아요. 프랑스 철학자 질베르 시몽동Gilbert Simondon은 모두가 세상으로부터 떨어져나와 개체화individuation되는 지점을 이야기합니다. 최근 그레이엄 하먼의 사물-기반 존재론object-oriented ontology도 이러한 맥락 위에 서 있습니다. 그는 인간이 인간을 이해하는 것, 인간이 세상이 누구를 위해 존재하는지를 이해하는 것 그리고 인간이 우리가 누구인지 이해하는 것 모두 불가능하다고 이야기합니다. 그렇기 때문에, 뭐가 되었든 건물이든 의자든 탁자든 간에, 우리는 그 오브젝트에 절대 접근할 수 없어요. 그러므로 리얼리즘의 본래 의미는 진짜 대상real thing과 우리가 생각하는 '진짜real' 사이에는 언제나 차이가 존재한다는 거예요. neo-realist는 모든 오브젝트의 뒤에는 우리가 모르는 저마다의 리얼리티가 있다고 인정합니다. 그것이 무엇이 될 수 있는지 우리는 절대 몰라요. 예를 들어, 암스테르담의 교회가 어느 날 디스코 클럽이 될 수 있을 거라고는 누구도 생각하지 못했을 겁니다. 사실 교회가 돈이 궁해지자, 그걸 디스코 클럽으로 전환했죠. 이와 비슷하게, 브루클린의 교회가 어느 날 핵발전소로 바뀔지도 몰라요. 우리가 상상하는 건 뭐든 다 될 수 있어요. 이는 어딘가에 끝없는 종류의 리얼리티가, 그것도 접근이 불가능한 만큼의 양의 리얼리티가 존재한다는 겁니다. 우리는 절대 이해할 수 없어요. 그래서 저는 *Zero Architecture*를 통해서 내가 '저 교회가 무엇이 될 수 있겠다'고 상상하는 것보다는, 예를 들어 '맨하탄 지역 계획'이 나에게 '저 교회는 뭐가 될 수 있어'라고 말해주는 지점을 들여다 봅니다. 저는 그냥 사물들을 대체하는 거죠. 이러한 방법으로, 이것은 새로운 것들이 세상에 어떻게 나오게 되는지를 고찰합니다. 새로운 것은 그냥 아무 데서나 나오지 않아요. 오히려 새로운 것은 이미 무언가의 안에 깃들어 있습니다. 단지 아직 실체real가 되지 않았을 뿐이죠. 리얼리티는 이미 가상적으로 그곳에 깃들어 있지만 단지 실체가 되지 않았을 뿐입니다.

예를 들어, 해체주의자들은 기둥을 삐뚤게 둡니다. 왜 그들이 그랬는지는 간단합니다. 기둥이 우리가 생각하는 것 너머에서 다른 무언가가 될 수 있음을 말해주려는 거에요. 피터 아이젠만이 기둥의 하단부를 잘라내고서 이를 천장에 매달아 아무것도 지탱하지 못하게 만들어버린 것은, 기둥의 또 다른 가능성을 암시하기 위함입니다. 건축과 예술은 사물 뒤편에 자리한 대안적인 리얼리티를 끄집어내는 일을 합니다. 그리고 이 과정은 끝이 없을 겁니다. 왜냐하면 정말로 무언가의 리얼을 포착하는 것은 불가능하기 때문이에요. 이것이 리얼리즘입니다. 그러므로 새로운 것을 직접 만드는 대신에, 다른 오브젝트들이 새로운 것들에 관해 이야기하도록 내버려 두는 건 어떨까요. 예를 들면, 자본주의나 지구온난화 같은 것들이요. 리얼리티는 우리가 상상하는 것보다 훨씬 터무니없어요. 그리고 이것이 제가 사물-기반 존재론object-oriented ontology의 철학과 사변적 실재론speculative realism에 관심 있는 이유입니다.

> 저는 *Zero Architecture*가, 주어진 것 뒤에 잠재하는 리얼리티를 드러낸다는 관점에서 오늘날의 시대적 맥락을 담아내는 것 같아요.

저도 이게 제가 배운 것이라고 생각합니다. 먼저 *Zero Architecture*에서의 zero는 그레이엄 하먼이 내린 정의에서 비롯합니다. 그런데 그가 말하고 싶었던 것은, 우리가 '나' 그리고 '우리'로 인식하는 무언가가 존재한다면, 어딘가엔 우리가 절대 이해하거나 붙잡지 못하는 zero 또한 존재한다는 것입니다. 제 생각에 오늘날 모든 것들은 이미 주어져 있어요. 모든 것은 저기에 있습니다. 여기서 우리가 주어진 것을 넘어서서 마주하는 과제는, 주어진 대상이 무엇이 될 수 있을지에 대하여 우리가 여태껏 생각하지 못했던 지점을 탐구하는 것입니다. 이 세상에 새로운 것이 등장하는 지점에는 늘 예술과 건축이 중요한 역할을 해왔어요. 그 내용은 주어진 것이 무엇이 될 수 있는지에 대한 스펙트럼을 제공하는 것입니다. 건축가가 실제로 해왔던 역할은 주어진 대상에서 여태껏 드러나지 않았던 숨겨진 리얼리티를 세상에 보여주는 것이었습니다. 마르셀 뒤샹의 '샘'은 그냥 소변기를 미술관에 둔 것이 아니라, 소변기도 우리가 생각지 못한 다른 무언가가 될 수 있다는 것을 보여주는 것이었어요. 모든 이상한 건축 프로젝트들은 우리가 건물에 관하여 그동안 상상하지 못했던 바를 세상에 보여줍니다. 이러한 지점에서 *Zero Architecture*는 건축 전체의 역사를 우리가 어떻게 읽을 수 있을지를 나타냅니다. 그리고 zero는 건축에서 우리가 그동안 생각하지 못했던 아이디어를 의미합니다. 또한 이는 건물이 무엇이 될 수 있는가에 대하여 건축이 드러낼 수 있는 모든 것들에 대한 것입니다. 이를테면 대지에서 건물을 들어 올리거나, 벽에 붙여버리거나, 혹은 생략해버리거나 등의 시도 등이 있을 수 있겠죠.

<u>마지막으로, 이런 맥락에서 젊은 세대의 건축가들은 무엇을 할 수 있을까요?</u>

유명해지는 거요? 아니면 그 반대요? [웃음] 유명해지는 길은 아주 간단합니다. 레시피가 있어요. 다른 사람들이 이미 해왔던 것들을 하세요. 예를 들어 BIG는 60년대 구조주의자의 프로젝트를 카피해서 그걸로 계속 갑니다. 이것은 아주 성공적인 모델이에요. 왜냐하면, 누군가의 건물(의 형태)에 대한 아이디어만 훔치는 것이 아니라, 역사 속에서 이미 성공했던 컨텐츠도 같이 훔쳐 오는 것이니까요. 이것은 파는 것에 있어서의 프로파간다죠. 만약 제가 구조주의적인 집을 짓는다면, 저는 구조주의자들의 디자인 뿐만 아니라 사회와 문화에 관련한 그들의 아이디어 전체를 가져올 겁니다. 이렇게 하면 형태는 프로파간다와 함께 오겠죠. 자하 하디드가 말했어요, 젊어서는 아이디어를 만들고 나머지 삶은 그것을 짓기 위한 노력을 하는 것이라고. 만약 당신이 실천하는 건축가가 되고 싶다면, 당신에게서 특정한 것들을 요구하는 세상에서 일하고 싶어해야 합니다. 당신은 세상이 '무언가가 이렇게 생겨야만 한다' 혹은 '저렇게 생겨야만 한다'는 답을 당신에게 줄 수 없다는 걸 깨닫게 될 거예요. 그런데 당신도 그걸 알아낼 시간이 없어요. 그러므로 당신은 이미 주어진 것들을 취한 다음에, 단지 이를 위한 주장만 덧붙여서 팔면 됩니다. 이게 첫 번째 모델이에요. 새로운 걸 발명하려고 하지 마세요. 그냥 있는 거 베끼고, 조금만 수정해서 그 길로 쭉 가세요.

유명해지지 않겠다면, 당신은 건축 아이디어에 대한 일을 할 수 있어요. 그럴 경우엔 이런 말을 하겠죠, "아니야, 그 길[첫 번째 모델]은 만족스럽지 않아, 나는 건물의 역사가 아닌 건축의 역사에 기여하고 싶어." 그러면 당신은 끔찍한 삶을 살게 됩니다. 왜냐하면 당신은 새로운 아이디어를 찾아서 만들어야 하고, 건축에서 자신이 기여할 수 있는 바를 찾아내야 하거든요. 제가 생각하기에는, 20세기 후반에 30대를 넘기기 전 자신만의 건축적 아이디어를 가졌던 건축가는 딱 4명만 존재합니다. 피터 아이젠만, 알도 로시, 로버트 벤추리, 그리고 렘 콜하스예요. 그들이 공통적으로 했던 것은 글을 쓴 것이에요. 그들 모두 30대 시절에 자신의 책을 씁니다. 그 책은 자기만의 방식으로 건축을 규정하고, 세상이 어떻게 생겨야 하는지를 규명합니다. 누군가 렘 콜하스에게 "광기의 뉴욕"을 왜 썼냐고 물었을 때, 그는 이렇게 말합니다. "나는 그간 세상에 없던 방식의 건축가가 되기 위해서 이 책을 썼습니다." 그는 책을 씀으로써, 앞으로 그가 할 작업에 있어서의 클라이언트를 자기가 창조합니다.

    그리고 건축에 기여하는 또 다른 방법이 있습니다. 그것은 건축 아이디어의 역사에 전념하는 아주 긴 여정입니다. 이 방법은 저에게 일어난 일입니다. 이 길을 가려면, 그 사람은 단지 있던 아이디어를 베껴오거나 새로운 것을 찾기 전에, 모든 종류의 아이디어들을 다 살펴보고 왜 특정한 주요 아이디어들이 특별하게 여겨지는지를 질문해야 합니다. 이걸 다 알고 나면, 다음과 같은 것들을 스스로 질문할 수 있게 돼요. 이러한 아이디어들은 무엇을 의미하는가, 오늘날에 건축은 무엇을 의미하는가, 그리고 우리는 과거에 건축을 어떻게 바라보았는가. 개인적으로 저는 이것을 찾아냈습니다. 최근 50년 동안 건축과 도시에 관하여 쓰인 거의 모든 책을 읽고 나서요. 그 결론은 도시 자체가 [창작의] 드라이버라는 것입니다. 저는 도시가 건물[의 모습]을 만들어낸다는 것을 깨달았습니다. 제가 말하는 도시는 유형학도 아니고, 기호학도 아니며, 그 안에 있는 오브젝트 자체를 의미합니다. 저는 리얼리티를 다르게 보기 위해서, 또 아이디어를 갖기 위해서 동시대의 철학이 필요했습니다. 저는 제 아이디어가 가치가 있다고 장담할 수는 없지만, 이것이 작동하게 하기 위하여 여전히 노력 중입니다. 만약 당신이 이 길을 가겠다고 한다면, 당신은 당신이 아이디어를 만들었다는 사실을 세상으로부터 인정받기 전까지는 절대로 알 수 없어요. 아니면 그냥 개인적인 취미가 될 뿐입니다. 그렇게 되면 당신은 이 취미를 지속할 만큼만이라도 돈을 벌 수 있길 희망하겠죠. 그러면 건축이 다른 종류의 취미랑 하등 다를 바 없다는 것을 깨닫게 될 겁니다.

그렇지만 당신은 건축의 디서플린에 참여하겠다는 내면의 의지를 갖춰야 합니다. 그렇지 않으면, 당신이 그걸 할 수 있게끔 보장해주는 게 없어요. 많은 사람들이 처음에는 건축가가 되겠다고 하지만 마지막에 가면 다들 "이제 그만하고 그냥 쉬운 길로 가자"라고들 하죠. 누군가 건축에 흥미가 있다 하더라도, 그들은 얼마 지나지 않아 이 길이 너무 고되다는 것을 깨닫고, 그들이 [세속적으로] 성공할 수 있는 곳으로 되돌아갑니다. 저같이 바보 같은 사람만 이 길에 남아서 계속 가요. 저에게 건축은 매일 아침 제가 눈을 뜰 수 있게 해주는 것입니다. 아니면 제가 무엇을 더 할 수 있겠어요?

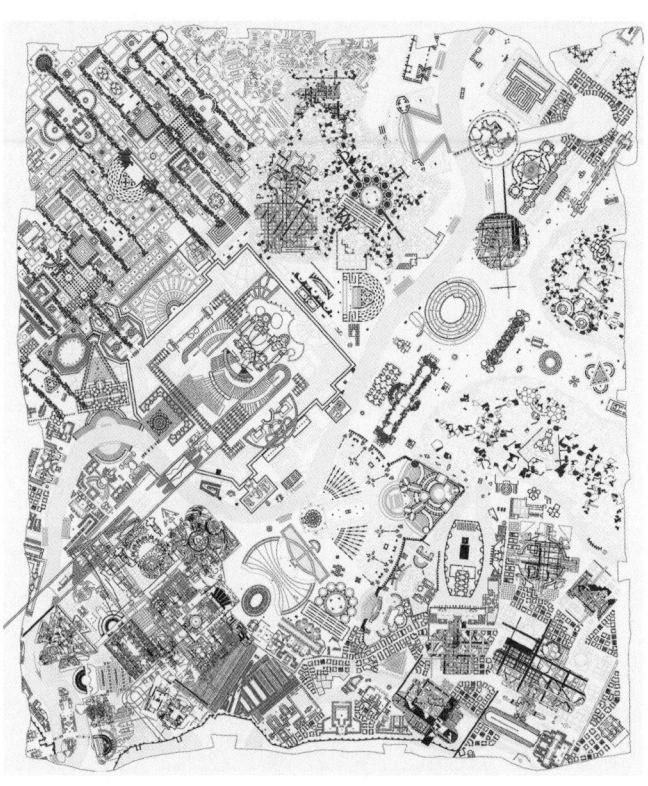

Peter Trummer, *Zero Piranesi*, plan drawing. © Peter Trummer with Jose Carlos Lopez Cervantes, Jakob Sieder-Semlitsch and students of IOUD

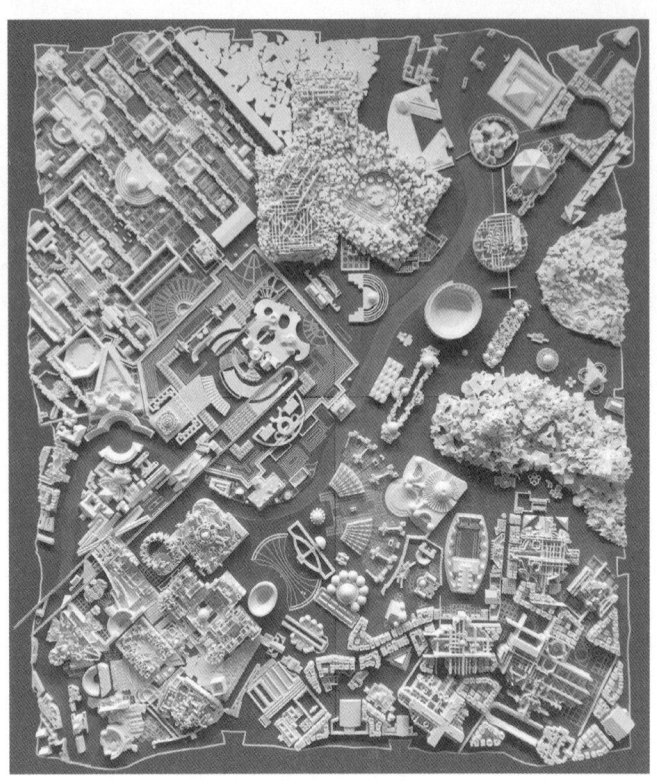

Peter Trummer, *Zero Piranesi*, model. © Peter Trummer with Jose Carlos Lopez Cervantes, Jakob Sieder-Semlitsch and students of IOUD

What Makes Architecture Today
Interview with Peter Trummer

Interviewer: Yeon Joo Oh, Haewook Jeong / Editing: Johan Bettum

<u>The first question is simple but difficult. What is architecture? You have previously, for instance in a lecture at Sci-Arc in 2015, made a clear distinction between building and architecture. How do you distinguish these two? In architecture, how important is the building?</u>

It starts with a simple idea that came to me in a text by Ungers where he argued that buildings are based on the arbitrariness to build whereas architecture is based on the tyranny of an idea. That is to say, buildings are defined by the world outside of architecture, such as money, the economy, the client, the industry, and so on. So, architects who merely work to build, I would not call 'architects.' I would call them builders, even though they call themselves 'architects.'

Architecture is other than this outside; it is therefore often other than building. Architecture is given by ideas, the architect's idea of the world, specifically an idea about what you think the world should look or be like. Suddenly a building is no longer just what the world demands from a building; it carries an idea. The reason why we have to make this distinction is very simple: if we did not, every building would be architecture. So what makes one building into architecture and another not? I think a building is architecture when it carries an idea that is defined by its author. For this reason, our institutions are called 'schools of architecture' and not 'schools of buildings.'

Architects do not build buildings; they make

representations of buildings, which means that we represent an idea about what we think a building should look like. Thus, the architect never really builds anything but reveals an idea in the drawing, in the representation, of the building.

Now, when do I know that I have an idea? It is an idea once it defines a particular world—which means the author has taken a position at a particular moment in time. In order to formulate it as an architectural idea, it needs to communicate with other architectural projects. So, if you want to understand why an idea is interesting or not, it will be decided at the point where you can recognise it with respect to other ideas in architecture. And this discourse about ideas embedded within buildings is the discourse of architecture. If you want to argue that the building carries an idea, it will only make sense when you participate in the architectural discourse. For example, when Le Corbusier came up with the idea of the Dom-Ino House and rethought the building as a multiplicity of his five points for a new architecture, he did not say: 'Oh, look! God gave me this idea.' Rather, it was an attempt to reinterpret the temple in modern architecture. There is a link back to the history of the discipline, and there is a debate within the discourse of how we perceive architecture.

<u>Then, why is the building important in architecture?</u> We have to distinguish between two histories. In German architectural schools, for instance, there is a distinction between the history of buildings and the history of architecture. The history of buildings is called 'Baukunst,' and then there is the history of architecture. 'Baukunst' or the history of buildings does not accept non-built projects. The only thing that counts is what is built, which means that everything non-built is excluded. Therefore, I am not interested in the history of buildings. I am interested

in the history of architecture that includes all the built *and* non-built work. Ironically, I believe there are initially more unbuilt ideas than built. Eventually, the unbuilt ones become built by others. Moreover, there are more unbuilt projects than built ones that are important to architecture. For example, when Rem Koolhaas built the CCTV, everyone would say that the idea came from the Max Reinhardt Haus by Peter Eisenman. Another classic example would be Le Corbusier's Dom-Ino House, which was actually a reproduction of a temple. The temple is already the copy. So, architecture is a collection of ideas in non-built work documented in drawings and models. That is why I would always consider architectural history as more important than building history. It includes older, non-built work and all the representations of ideas.

> The current and the future generations of architects may not care about architectural ideas and just build buildings, I imagine.

I think it has always been like this. Now, we also have to be very clear that at every time in history there are only a handful of people who are interested in architecture. The rest just wants to build buildings. These few people interested in architecture influence all the others who desire at some point to actualise the ideas in built form. There is this funny and telling scene in the film *The Devil Wears Prada*. It presents an analogy to how I think about architecture and its discourse. In the movie, the young character played by Anne Hathaway comes into a room where the Meryl Streep character is standing with her assistants trying to choose between seemingly similar looking belts. The assistants seem uneasy at choosing because the belts are so different. At this moment, the Hathaway-character just cannot help but laugh because to her they look all the same. Meryl Streep looks at her and says: 'Oh, you think it has nothing to do with you.' She leaves and says that the sweater Hathaway is wearing is not just blue, but cerulean blue, the very specific colour that a world-renowned designer first used in a design. And then this cerulean blue gets copied by all other designers and later proliferated in commercial stores like H&M. Then, in the end, it ends up in the second-hand shop where one can pick up this particular blue sweater Hathaway is wearing. Meryl goes: 'In fact, you're wearing a sweater that was selected for you by the people in this room.' In a similar manner, I would argue that the people that make buildings rely on architects who have architectural ideas. The conversation between the architects with ideas is what I would call the discourse of architecture, and there will always be only a few places and a few people that are interested in it. Usually, they are not the most famous ones. The famous ones are the ones who become popular through realising buildings.

> You mean architecture starts from an idea, which then gets developed by others before it finally seeps into normal building practice?

Yes, let's look at a simple example. Think of high-rise housing projects, for instance in Asian countries, like South Korea. The high-rise typology is an idea developed by the modernists in the 1920s. Today, one might come up with different facades for new buildings of this type, but the idea itself is from the 20's. Even then, the idea of this building was not new; it actually came from the work of Claude-Nicolas Ledoux. The original idea endures as an idea, and at some later point it is realised in built form. That is my understanding of the history of architecture. You only have to find out where these ideas emerge. In order for an idea to emerge, a certain person, a certain Zeitgeist and a certain discourse are needed. Rafael Moneo said that once you engage with typologies, meaning the construction of novel forms, you engage with architecture because suddenly you communicate with ideas in the architectural discourse. I think the real challenge for every architect is once in a lifetime to develop an architectural idea. And if you want to become a famous builder, then, like Philip Johnson said, steal an idea from someone else and build endlessly in a good manner. Do not try to invent an idea, just steal one. Then you get famous.

> You recently presented your theory, *Zero Architecture*.[1] Can you explain this and how it relates to our contemporary cultural-philosophical contexts?

Zero Architecture is an attempt at reflecting our contemporary philosophical contexts. What this idea wants to say is very simple. What if a building comes from the idea of another building? What if we can design from the perspective of a given architectural object rather than from the perspective of an architect—that is a human subject? That is in principle the whole idea. For me, this has to do with the question of how ideas emerge in architecture. The American theorist Anthony Vidler describes three typologies which since the 18th century have influenced the production of architecture. His use of the word 'typology' is unconventional, and his first typology is nature. To begin with, we copied nature; nature was the source for all architecture. Then, technology— the second typology—became the major source for architecture. Finally, he introduces the third typology, the city. The unique aspect of this is that it is entirely a human artefact, something that we have constructed. That is why in the 60's and 70's, architects dealt with the idea that new types emerged from the city. I understand the contemporary city not in a conventional way but as what the philosopher Timothy Morton calls a 'hyperobject'—an object that is 'so massively distributed in time and space as to transcend spatiotemporal specificity.'[2] In this sense, we have no longer access to the city, the thing that we initially constructed. This means that cities no longer present us with objects that we can access through traditional forms of representation. They present us with things that are not accessible to us and, thus, that we do not understand. For example, in my lectures I have often shown this one window in my office.[3] This window was of course drawn by an architect but exemplifies nevertheless this inaccessible object without an author. It only exists because of global warming. I once asked this woman why I, a human, cannot open the window, and she said: 'The window is not for you.' It was made for the building. Thus, in this example, the building as an object designs another object. In this sense, *Zero Architecture* is an idea that tells us that we never know and never will know what an object can be. The theory suggests that we look at architecture not from a human point of view, but from an object's point of view. In a recent piece of writing, I interpret Piranesi's plan for Campo Marzio in Rome in this way, reading it through the Commissioners' Plan of Manhattan from 1811.[4]

> Your essay on *Zero Architecture* presents a neo-realist approach to the architecture of the city. Can you elaborate on that?

In principle, the theory dwells on the ideas of contemporary philosophers such as Graham Harman and others. But why realism? Because you could argue that until the 15th century, everything was driven by God. In modernism, everything was driven more or less by the rational human subject. This is when we looked at the world, and we understood it. Then we come to postmodernism, which you could say was driven by an irrational subject. We were no longer sure about the world, and there was something not rational in us. Soon after came what we call the materialist or the non-human era, meaning that between me and the world there is no distinction. At this point, I am no longer entirely irrational nor rational. The French philosopher Gilbert Simondon said that everyone is individuating from the same world. Recently Harman's Object-Oriented Ontology comes into play, and they argue for the impossibility for humans to understand humans, to understand for whom the world exists, who we are. So whatever we have, whether it is a building, a chair, or a table, we will never have real access to the object. Therefore, realism in principle means that there will always be a difference between the real thing and what we think the 'real' is. Neo-realism acknowledges that there will always be a reality behind an object that we do not know yet; we do not know what it can be. For example, no one would have thought that a church in Amsterdam could turn into a disco. Well, the church is simply running out of money, therefore they turn it into a disco. Similarly, tomorrow a church in Brooklyn will perhaps turn into a nuclear power station or whatever we can imagine. There will be an endless amount of realities, an inaccessible amount of realities, and we will never understand. The only thing that I am doing in *Zero Architecture* is that I look not only at what I can imagine a church can be but what—for instance—the Commissioners' Plan of Manhattan can tell me about what a church can be. I am just replacing things. In a certain way, it has to do with the contemplation on how something new emerges in the world. The new does not just come from anywhere. It is already embedded within the thing. It is not yet real. The reality is virtually already there, but it is not yet actualised. For instance, the deconstructivists put the columns diagonally. What they did is actually very simple; they just want to tell us that a column can do more than what we think it can do. When Peter Eisenman cut-off and hung columns so that they do not carry load anymore, it suggests the possibility of what a column can be. Architecture and art reveal the alternative reality behind things. And it is endless while never ever grasping the real thing itself. That is realism. So instead of making something new, why not let another object tell me about something new, such as global warming or capitalism. Reality is much more absurd than we can imagine. That is why I became interested in the philosophy of Object-Oriented Ontology or Speculative Realism.

> It seems that *Zero Architecture* suggests a particular contemporary idea in terms of how to reveal the reality behind the given.

I also think this is what I have learned. First of all, 'Zero' in *Zero Architecture* comes from the definition of Graham Harman. But what he wanted to say is that if there is something that we can recognise as an 'I' and similarly 'We,' then there must be also the 'Zero,' something that we can never grasp. I think today everything is given; everything is out there. Here, the task we have, perhaps behind the given, is exploring something that we have never thought about in terms of what the given can be. Every moment when something new emerges in the world, art and architecture play an important role by providing a spectrum of what the given can be. Architects actually show that there is another reality behind the given that we have not yet revealed. Marcel Duchamp's *Fountain* is not just about putting the urinal in the museum; it actually shows what we have never thought a urinal can be. In every strange architectural project, the idea is to show the world something that people have not imagined a building can be. In this sense, *Zero Architecture* stands for how we can read the whole history of architecture. 'Zero' stands for all the ideas in architecture we have not thought about, all the things architecture can still reveal to us and what buildings can be, such as lifting it off the ground, sticking into the wall, leaving out and so on.

Lastly, what can we do as young architects in this context?

To get famous or not famous? [Laughter] To get famous is very simple; there is a recipe. You do what many others have done; you take an idea that is out there. For example, BIG copies structuralist projects from the 1960s and just goes with it. This is a successful model because you do not just steal the idea of the building and the form, but also the content that was already successful in history. This is the propaganda of selling. If I build a structuralist house, I am bringing not only the structuralist design but also the whole social and cultural idea that comes with it. Thus, the form comes with propaganda. Zaha Hadid once said that you have an idea when you are young, and then you only try to build this through your whole life. If you want to become a practicing architect, you have to want to work within the world that demands certain things from you. You will realise that the world cannot give you the answer as to why something should look like this or that. But you also have no time to figure out what something should look like. Therefore, you take something that is given and just sell it with an argument. This is one model. Do not invent anything new, just copy an existing one and modify it along the way.

Not to get famous, you can work on an architectural idea. Then you say: 'No, this does not satisfy me. I want to contribute not to the history of making buildings but to architecture.' Then you have a terrible life, because you have to figure out what new ideas and architecture you can contribute. I think there are only four people in the second half of the 20th century that had an architectural idea within their 30s, and this was Peter Eisenman, Aldo Rossi, Robert Venturi, and Rem Koolhaas. What they had in common was writing; all of them wrote a book when they were in their thirties, and that book defined their architecture, it defined what the world should look like. Someone once asked Rem Koolhaas why he wrote *Delirious New York,* and he said: 'I wrote *Delirious New York* because I wanted to become an architect that did not exist yet in the world.' He had to write and become his own speculative client for all his work to come.

Another way to contribute to architecture is to go on a long path and work yourself through the history of architectural ideas. This happened to me. Before you find something new and do not merely copy existing ideas, you have to go through all the different ideas and ask why these big ideas became unique. Once you know that, you can ask yourself what these ideas mean, and what architecture means today given how we have seen architecture in the past. Personally, I figured out—after reading almost every book written over the last 50 years about architecture and the city—that the city was the driver. I realised that the city generates buildings, neither as typology nor semiology, but as objects in themselves. I needed a contemporary philosophy to come along in order to look differently at reality and have an idea. Now, I do not know if my idea is anything worth, but I am still trying to make it work. So, even if you take this path, you will never know if you have an idea. As long as it is not recognised by the world, it is just your own hobby. And then you can only hope that you have a little bit of money to continue your hobby, and you will realise that architecture is not different to any other hobby in this world.

But you have to have an inner will to take part in the discipline of architecture. However, then it is still no guarantee that you will make it. Many people have thought to be architects, say in the end: 'Ah, come on, let's have an easy life.' There are the ones who are interested in architecture who sooner or later realise this is too tough and they just go back to where they can succeed. The stupid ones like me, keep on going until the end. Architecture is what makes me wake up every morning. You know, what else should I do?

1 See Peter Trummer, "Zero Architecture," *SAC Journal* 5 (2019): 12–19.
2 "Timothy Morton," Wikipedia, last modified November 8, 2019. https://en.wikipedia.org/wiki/Timothy_Morton#Hyperobjects
3 Peter Trummer, "Architecture in the Age of Hyperobjects," *Log* 45 (2019): 35–41 (35–36).
4 See Peter Trummer, "Zero Piranesi," *SAC Journal* 5 (2019): 82–93.

이미지 야생 지대의 불모지 관리하기
마이클 영

번역: 이수남, 정해욱

해당 번역본의 원문은 *Offramp 13: Guise* (Spring/Summer 2017)에 실려 있음을 밝힌다. *Offramp*는 SCI-Arc에서 발행하는 학술 저널이다. 또한, 이 글의 저작권은 마이클 영 Michael Young에게 있음을 밝힌다.

불모지 wasteland 그리고 야생 지대 wildernesss는 실제로 존재하는 것이 아니다. 두 개념은 인간의 사용 가치 혹은 지배에서 벗어나려 하는 특정한 자연 영역을 설명하기 위해 만들어진 문화적 구축물이다. 이 둘은 모두 문명과 구별되는 지점의 자연적 상태를 지칭한다. 다시 말해, 이런 개념들은 인간이 만들어낸 인공적 추상이다. 그리고 필자는 두 개념을 개념적 의미, 그리고 문자 그대로의 의미에 초점을 두고자 한다. 여기서 불모지는 인간의 활동에 도움이 안 되는 곳이라면, 반대로 야생 지대는 인간의 활동이 도움이 안 되는 곳이다.

이 두 개념에는 각각 이를 조장하는 윤리적 이데아들이 자리한다. 우선, 늪지대, 사막, 산, 그리고 정글과 같은 불모지를 도시, 농업, 산업 등의 유용한 자원으로 바꾸려는 노력은 문명에 관한 역사의 일부이다.[1] 이것은 신이 내린 섭리인 호의를 자본화하려는 노동 윤리로 설명할 수 있다. 한편 야생 지대 보전을 이끄는 윤리는 책임감, 즉 관리의 의무에서 비롯된다. 이는 특정 영역은 인간의 개입에서 벗어나 존재해야 한다는 생각이다. 이 두 가지 욕구는 모두 논란의 여지가 있다. 불모지 개념에서는 무언가를 쓸모없다고 규정해버리는 점 때문에, 이것의 가시성은 바람직하지 않게 되고 문화적 시각에서 제외되며 무엇보다 '개선'의 대상이 된다. 이러한 행동은 종종 인간 활동으로 인한 피해를 말미암아, 새로운 불모지 ㅡ 말 그대로 쓸 수 없게 되어 버려진 구역 ㅡ 를 만들어 내기도 한다. 한편, 무언가를 야생으로 표시하려면 이에 대한 문화적 개입을 규제하고 제한하며 이로부터 거리를 두어야 한다. 이를 위해서는 야생 영역 주위에 경계를 표시해야 하고, 정책과 표현 및 인프라를 통해 유지되는 추상화가 필요하다. 이러한 관점으로 보면, 우리는 야생을 둘러싸고 있고 야생은 문화적 구축물 내부에 있다. 다시 말해, 우리는 이를 외부에서 들여다보는 입장을 갖게 된다.

한편, 여기에는 중요한 인식론적 측면이 있다. 불모지와 야생 지대라는 용어는 인간 문화의 한계를 시험하고 또 지식 구축을 위한 경계를 설정하는 것에 사용된다. 대체로 이러한 곳들은 우리가 멀리 떨어져서 실험하는 장소이며, 또한 거리를 두고 이해하려고 하는 곳이다. (예를 들어, 우리는 네바다와 뉴멕시코 사막, 마셜 제도 ㅡ 태평양 지역 ㅡ 에서 핵실험을 했었고, 이곳은 대규모 파괴 실험을 감당할 수 있을 정도로 멀리 떨어진 곳으로 간주되었다.) 야생 지대는 인간의 원격 중재, 매핑, 그리고 인간의 개입을 제한하기 위해, 멀리 떨어진 상태로만 특정 조치를 취하곤 한다. 그리고 이런 공간은 연구소라고 불린다. 불모지와 야생 지대는 과학, 생태, 기술, 정치 및 전쟁 등의 문화적 관행들을 중재하는 시스템 개발에 있어서, 이에 필요한 '조건'의 존재를 입증시킨다. 그것은 바로 '다른 것들', 바꿔 말해 무언가의 바깥, 인류 외부의 세상, 그리고 '진짜'라는 개념이다.

이상하게도, 불모지와 야생 지대는 인공적 개념일 뿐이지 진짜로 존재하는 것은 아니다. 하지만 우리는 이러한 개념을 지속적으로 사용함으로써 현실을 정의한다. 이를 다른 방식으로 표현하자면, 우리는 리얼리즘을 정의하기 위해 [혹은 리얼이 무엇인지 규정하기 위해] 추상abstraction을 이용한다.

본 에세이는 생태학적 논의가 아니다. 하지만 그 내용은 이와 유사하다. 이 글이 다루고자 하는 주제는 인터넷에 기반하는 이미지 문화이다. 인터넷을 바라보는 관점은 두 가지가 있다. 바로 관리, 재배 및 수확해야 하는 대상으로 바라보거나 연구 및 판독이 필요한 것으로 바라보는 것이다. 이렇게 두 갈래로 양분화된 관점은, 마치 불모지와 야생 지대를 둘러싼 윤리 및 인식론적 내러티브와 많이 닮았다. 우리는 때때로 인터넷이 우리의 문화적 통제 밖에 있다고 느낀다. 인터넷은 모든 이미지가 아무 의미 없는 채로 영원히 저장되는 곳으로서, 무작위적이고 비도덕적이며 우발적인 것처럼 보인다. 이미지는 전 세계에 있는 화면과 데이터베이스에 잡초나 바이러스처럼 확산되고 퍼진다. 또한, 인터넷은 우리가 세상을 보는 방법을 이해하는 것에 지배적인 영향을 끼치는 장소가 되었다. 이 세상은 '여기에 있는' 다른 이들에 의한 소비와 자본화를 위해서, '저 밖에 있는' 모습들을 캡처하고 포스팅하는 수많은 인간과 비인간에 의해 편집-전시된다. 이는 연결된 풍경들의 네트워크이며, 이들의 상호 관계는 추상적으로, 논리적으로, 그리고 프로그래밍과 제어가 가능한 상태로 코딩되어 있다. 하지만 인터넷은 이런 식으로 느껴지거나, 행동하지 않는다. 인터넷이 어떻게 작동하는지에 대한 지식과 제어는 인터넷 사용자, 즉 관찰자에게 주어지지 않는다. 우리 대다수는 위와 같은 풍경들의 내적 작용 밖에서 소외된 상태로 있다. 우리는 대체로 이를 '함께 하기 어려운 위협적 이미지들로 가득한 불모지' 또는 '무작위의 모순적인 정보로 가득한 야생 지대'라고 비난한다.

    인터넷 이미지의 세상과 불모지/야생 지대의 구성은 평행 관계를 갖는다. 그리고 이는 어떤 영역이 인간의 통제 밖에서 중재되었을 때 갖게 되는 특성에서 비롯된다. 현재 인터넷에 대한 불안의 상당 부분은 불모/야생과 관련된 불안과 유사하다. 우리는 우리가 세상에 대한 이미지를 만들거나 표상하는 것이, 우리의 이해와 통제 밖에 있거나 '진짜 혹은 믿을만한 것'으로 신뢰할 수 없을 때를 두려워한다. 이러한 맥락에서, 건축은 다음과 같은 상황에 대한 두려움을 갖는다. 그것은 바로, 건축의 기율적 측면에서 담론적으로 사유할 부분이 거의 사라져버린 상황을 바탕으로 건축이 중재되어버려 건축이 자신의 중요성을 상실하는 것이다. 이것은 궁극적으로 이미지, 특히 리얼리즘적 이미지에 대한 [건축의] 두려움이다.

    이는 미학에서 가장 분명히 드러난다. 예를 들어, 포토리얼리즘에 기반한 이미지는 [부정적 의미로서의] 유혹적인 것으로 간주되며, 기껏해야 편향된 것들을 감추면서 세상에 대한 구시대적인 시각을 연명하게 한다는 인식이 있다. 최악의 경우 이는 악의를 위한 선전용으로 사용된다. 그러나 리얼리즘의 발전을 미학적으로 거슬러 바라보면, 우리는 이것이 결코

순진한 자연주의적 표현이 아니라는 것을 알 수 있다. 오히려 리얼리즘은 현실이라는 것이 예상했던 바와 다르게 보이기 시작할 때 발생하는 긴장에 관한 것이다. 리얼리즘은 우리가 현실을 어떻게 바라보는지에 대하여 압력을 가하고, 중재와 표현에 의구심을 불러일으키고, 이러한 긴장을 이해하고 이에 기반한 지식을 생산하려는 욕구로 이끈다. 리얼리즘에 대한 미학적 관심사는 불모지가 야생 지대를 만날 때 생기는 긴장이다. 또한, 이는 세상이 어떻게 [감각적으로] 이해되어 왔는지에 관해 이의를 제기하기 위해서, 이미지를 주어진 것으로 받아들이고, 전용하고, 그리고 결합한다. 이는 어떤 환경을 만드는 사용 가치 또는 프로세스에 관한 것이 아니다. 오히려 이것은 그 환경이 어떻게 보이는지, 어떠한 정서적인 특성이 있는지, 어떠한 암시를 불러일으키는지, 그리고 어떠한 공간 표현을 가능하게 하는지에 관한 것이다. 또한, 이는 윤리 및 인식론과 동등하거나 혹은 이와는 별개인 세계를 [사유의 영역으로] 끌어들이기 위한 방식이기도 하다.

> "의식은 차치하고서, 인지적인 것보다도 이전에, 생각이라는 것은 근본적으로 정서적이고 미학적인 현상이다. 이는 알프레드 노드 화이트헤드가 '느낌feeling'이라고 칭했던 부분에서 잘 설명된다. 화이트헤드는 '실제actuality가 데이터를 자신만의 것으로 만들기 위하여 전용appropriation하는 작용'을 설명하기 위해, 이 단어를 '단지 기술적 용어'에 불과한 것으로서 사용했다. 쉽게 말해, 모든 개체는 앞서 있던 다른 개체들이 남긴 것을 전용함으로써 자기 자신이 되어간다는 것이다. 여기서 가장 중요한 것은, 하나의 개체는 그 개체의 이전 상태를 전용함으로써 스스로를 지속시킨다는 점이다. 그러나, 개체는 자신을 둘러싼 다른 개체들을 전용하기도 한다. 다시 말해 개체는 뭔지든 자기가 맞닥뜨리는 것은 다 취한다. 여기에는 무엇이 되었든 간에 자신에게 영향을 끼치거나 자기 자신이 계속 존재하기 위한 바탕과 조건을 제공해주는 모든 것이 해당한다."[2]

필자는 이미지와 함께 쏟아지는 건축의 범람에 관하여 세 가지 대응 방안을 제시한다. 이는 바로, 거부, 비평 그리고 포용이다. 이 에세이의 목적을 위해 필자는 두 가지 기준을 세운다. 첫째, 이 세 가지 반응은 감각적인 정보에 관련한 세 가지 방식을 반영한다. 이들은 윤리적, 인식론적, 그리고 미적인 방식이다. 세 가지 방식들은 각자 다른 의미를 지니고 있고, 서로의 관계가 종속적이지 않으며, 오히려 그 기반이 동등하게 이해되어야 한다. 둘째, 이미지 소비의 양과 속도는 가속화되었지만, 기존 이미지 체제로부터의 변화는 종류의 차이가 아니라 정도의 차이일 뿐이다. 만약 우리가 다루려는 이 변화가 단순히 더 크고 빠른 [이미지-정보의] 분배일 뿐이라면, 우리가 우려하는 지점은 그저 진화의 일환으로서 세대가 넘어가면서 사라질 수 있기 때문에 이에 대해 그다지 경각심을 가질만한 원인은 없다. 하지만, 여기에는 다른 점이 하나 있다. 바로 추상과 리얼리즘 사이의 관계이다. 이 둘 사이의 관계에서 오는 긴장은 변화해왔다. 그리고 우리가 인터넷 체제 안에서 이미지를 해석하고 만드는 방식은 윤리적, 인식론적, 그리고 미학적 참여 방식의 재평가가 필요하다.

선택지 1: 거부 ─ 윤리적 반응

온라인에서 보는 이미지를 불신하는 것은 합리적인 반응이다. 우리는 이러한 이미지들이, 꼭 사실인 것만은 아닌 회화적 시선들을 표현하기 위해서 선택-편집-조작되었음을 알고 있다. 또는, 만약 우리가 이러한 이미지들을 신뢰하며 그 이유가 이들이 기계적으로 복제된 리얼리티를 잘 담아낸 것이기 때문이라면, 이는 이미지 내용의 맥락들이 우리가 이미지를 받아들이는 방식에 영향을 끼치기 위해 제거되었다는 점을 우리가 이미 알아차리고 있음을 뜻한다. 윤리적 반응은 진실과 정확성에 관한 질문을 하는 것이다. 달리 말하면 이미지를 통하여 우리가 접근할 수 있는 리얼리티에 대하여 질문하는 것이다. 극단적으로 보면, 우리는 플라톤의 서구 철학에 기반하여 사고하고 있으며, 플라톤에게는 모든 이미지가 2차적 재현물이기 때문에 불신의 대상이다. 즉, 우리의 시각 행위 vision 자체는 믿을 수 없는 것이다. 진실은 우리의 감각 너머에 있으며, 이것은 이데아의 영역에 있다. 그리고 이에 대한 모델은 추상화된 지오메트리이다.

건축의 디서플린은 자신의 역사에서 오랫동안 이미지들을 거부해왔다. 이러한 욕구는 건축의 표현을 직각 투영orthographic 기반의 라인 드로잉 ─ 측정이 가능한 성질을 지닌 특정 집합체 ─ 으로 한정시켰다.

플라톤 철학에서 알 수 있듯, 지오메트리는 건축이 실제로 무엇인지에 관하여 증명을 가능하게 해주는 진실을 제공한다. 르네상스 시대의 건축가 알베르티는 건축가가 투시도법을 바탕으로 만들어진 드로잉을 거부할 것을 처음으로 권장했던 인물 중 하나이다. 그의 이러한 권유는 투시도법이 실제 비율이 아닌 왜곡된 환상을 만들어낸다는 생각을 기반으로 한다. 최근 들어 이러한 트렌드는 다시 떠오르고 있다. 이는 드로잉을 선호하며 이미지를 거부하는 건축 행위들을 통해 확인할 수 있다. 이러한 상황은 컴퓨터가 만들어낸 렌더링에 기반했던 과거의 세대로부터 젊은 세대들이 스스로를 구분 짓고 싶어 하는 욕망에 의해 조장되고 있는 것 같다. 그러나 이것의 핵심은 이미지에 대한 윤리적 반응이다. 그것은 바로, 이미지는 유혹적일 뿐이며 디서플린의 바깥에 있는 것이지만, 드로잉은 관념적 — 바꿔 말해, 형이상학적 속성을 담아낼 수 있는 — 이며 건축 디서플린에 꼭 들어맞는다는 생각이다.

또한, 건축은 적나라하게 보면 노동의 윤리에 기초한 미학이다. 건축은 공예에 기초한 미학의 확장이며, 이는 기술과 재료와 기능 사이의 관계에 진실된 접근은 장인을 통했을 경우에 가능하다는 생각에 기반한다. 이는 무언가의 '본질'[truth의 의역 — 다른 곳은 '진리'로 번역됨]에 다다르고 싶어 하는 바람을 이끈다. 이에 관한 대표적인 사례는 물질의 본질[물성], 장소의 본질[장소성], 방법론의 본질, 프로그램의 본질, 구조의 본질, 표상의 본질 등이 있다. 여기서 미학은 윤리를 적절히 추구하다 보면 떨어져 나오는 이차적인 부산물이다. 이러한 반응은 근대 미술이 스스로를 '20세기 이전의 회화적 자연주의에 반한 것'으로서 '초월적인 추상의 형식'으로 생각하는 경향과 맥을 같이한다. 이러한 방식에서 보여지는 추상은 중재의 과정을 적나라하게 노출하지만, 한편으로는 앞서 짚어보았던 진실들을 '리얼리티의 이미지라고 희망했었던 겉모습' 아래로 숨겨버린다.

건축이 사회에 끼치는 영향에 관한 윤리적 입장은 근본적으로 중요한 것이 맞다. 이는 모든 건축가가 받아들여야 할 책임의 영역이다. 주변 환경을 건물 등으로 개발하는 것을 지원하는 경제적 입장을 고려하면, 윤리는 지속적인 위협을 받고 있는 것이 맞다. 그러나 여기서 필자의 질문은 다음과 같다. 윤리의 주요한 입장이 불신과 거절일 경우에, 이것이 우리들로 하여금 동시대의 이미지들을 생산하고 받아들이며 나아가는

데에 있어 과연 도움이 되는가? 물론 모든 매개 과정은 파편적이고
편향되어 있다고 말할 수 있다. 이는 어떤 결과물이 드로잉인지 혹은
포토리얼리즘적 이미지인지를 구분 짓는 것과는 상관없다. '노동에 의한
시각적 잔여물'들과 '전문성에 관한 디서플린적 포위'는 다른 형식으로
존재하는 표상의 유효함을 입증하기에 충분하지 못하다. 만약 모든 매개
과정이 윤리적으로 의심된다면, 이는 우리가 미디어 문화를 다루는
것 자체를 극도로 어렵게 만들어버릴 것이다. 더 나아가, 과연 우리는
추상화abstraction를 '진리truth'의 표현으로 가정해야만 할까? 추상적
본질로의 환원이, 오히려 '리얼'에 대한 윤리적 입장을 만들어내는 것에
있어서 필요한 중요한 속성을 제거하고 무시할 가능성은 없는 것일까?

<u>선택지 2: 비평 — 인식론적 반응</u>
이 두 번째 입장은 이미지 프로덕션의 문화를 우리가 거부할 수는
없지만, 비평적 인식은 해야 하는 방향으로 접근하는 것이다. '알아차리는
것awareness'은 여기서 가장 핵심적인 욕망이다. 이미지에 대한 비평적
반응은 이미지를 노골적인 허위로 묵살하기보다는 그 뒤에 숨은 구조적인
힘 — 이미지들의 모습을 이끌어내는 — 을 드러내려고 한다. 일단 관찰자가
어떤 식으로 이미지들이 이러한 힘들을 조작하는지 알게 되면, 더 이상
이미지에 바보처럼 끌려다니지 않게 될 것이다. 다시 말해, 관찰자들은
수동적인 소비로부터 스스로 해석하는 지점으로 이동할 수 있다.
'알아차리는 것'은 이미지의 유혹이 갖는 힘을 이미지를 만든 사람으로부터
이미지의 사용자로 전환한다. 이는 해방에 대한 욕망을 기저에 담고 있다.
이러한 해방은 계몽에서 확장된 철학과 궤를 같이한다.

인터넷 이미지 문화에 대한 비평적 알아차림은 어떤 모습일까?
이미지의 생산과 보급에 자금을 제공하는 기관과 비지니스를 알아채는
것일까? 이미지가 다양한 사람들에게 미치는 영향력, 그리고 이미지가
악의적 혹은 강압적으로 작용하는 방식을 알아채는 것일까? 인터넷을
통해 시각 정보가 어떻게 배포되고 어떤 식으로 수익을 창출하는지에 대한
소비 패턴 혹은 인기도를 알아채는 것일까? 우리 각자의 이미지 세상을
만들기 위해서, 외형들 사이에서의 유사점과 차이점을 분류하는 알고리즘을
알아채는 것일까? 아니면, 핵심적인 지점들을 수집하는데 필요한,

이미지의 야생 지대를 헤쳐나갈 수 있는 큐레이팅 지식을 뜻하는 것일까? 이 모든 것들은 중요하며, 추구되어야 하고 노출되어야 한다. 그리고 이것은 데이터로 이어진다.

데이터는 인터넷 이미지 문화에 관한 주요한 관행에서의 마지막 결과이다. 또한, 모든 관료주의에서와 마찬가지로, 특정 정보의 힘을 그것의 보유자에게 제공하는 것은 해당 부서 내부의 정보이다.[3] 데이터는 그 자체로 중요한 프로젝트가 아니라고 할 수 있다. 다만, 데이터가 어떻게 표현되고 이론화되는지가 중요한 지점이다. 데이터 매핑과 네트워크 다이어그램의 미학은 현대 사회에서 끊임없이 변화하는 체계적 상호 연결을 시각화하려는 시도이다. 비판적 알아차림에 입각한 프로젝트에서 이뤄지는, 이러한 '추상적 다이어그램으로의 환원'은 일종의 미학적 욕망이다. 그리고 이 안에서의 [요소 간의] 관계는 명확하고 이해되기 쉽게 만들어져 지식을 형성할 수 있다. 이들은 겉모습 뒤에 자리한 심오한 구조를 설명한다. 뻔한 이야기지만 그럼에도 강조하자면, 여기서의 미학은 이차적인 범주로서, 인식론에 따라 정당화되면서도 이에 종속된다.

건축의 역사를 돌아보면, 미학에 대한 수많은 방법론적 제안들이 있었는데, 이러한 제안과 미학들은 [학문적] 지식을 바탕으로 만들어졌다. 각각의 새로운 방법론은 이전의 방법론에 대항하는 비판적인 주장을 구축하면서 이를 대체한다. 기존에 지배적이던 미학에 대한 비평적 타격은 인식론을 기반으로 하는 미학의 핵심 요소이다. 20세기 초 모더니즘에게 비판의 대상이 되었던 방법론은 에꼴 데 보자르의 학문주의였다. 1960년대 후반에는 모더니즘의 기능주의 방법론에 대한 비판이, 건축 역사적으로 존재해온 지식들의 디서플린으로 다시 뿌리를 내리자는 제안과 함께 이루어졌다. 90년대에는, 포스트모더니스트를 거부하려는 움직임이 디지털 테크놀로지 처리 과정에 기반한 미학의 제안과 함께 있었다. 가장 최근의 방법론적인 주장은 파라메트리시즘과 빅데이터 분석이라는 이름으로 분류된다. 파라메트리시즘을 다른 비평적 실천들과 함께 묶는 것은 다소 이상하게 보일 수 있다. 누군가는 이에 대해 한숨을 쉴 것이다. 하지만, 건물의 형태가 데이터 수집과 처리의 직접적인 결과라고 주장하는 것은 [즉, 파라메트리시즘이 자신들의 미학에 대하여 주장하는 방식은,] 미학이 인식론적 입장의 결과라고 주장하는 것과 동일하다. 물론 이것은 테크놀로지가 끌어낸 것일 수 있다. (그리고 이에 대해 비평적이지 않을 수 있다.) 또한 측정 가능한 데이터로의 환원은 지나치게 실증주의적일 수 있다. (그리고 이것에 대해서도 비평적이지 않을 수 있다.) 그러나 이것의 핵심은, 파라메트리시즘은 자신들의 미적 결과물을 위해서, 현시대의 문화를 움직이고 있는 '컴퓨터에 의한 추상화'를 동원하려 했던 시도라는 점이다.

여기서 주목해야 할 부분은, 추상화된 미학의 존재이다. 이것은 본질적인 진실을 위해 시각적인 유사성[에 대한 고민]을 배제하려는 속성을 갖는 윤리적인 욕망과는 다른 추상 작용이다. 인식론에 기초한 추상의 미학은 실제로는 신빙성에 관한 것이다. 만약 이 세상이 점점 더 추상적으로 변한다면, 이것의 미학 또한 점점 더 추상적으로 보여야 하는 것이 맞다. 이것은 현대의 경제, 정책 및 사회 관계적 측면에서 발생하는 추상 작용을 표상하는 것이 된다. 피터 할리가 말했듯, "사실 예술에서의 추상화는 20세기 사상을 지배한 추상화 개념에 대한 보편적인 추동일 뿐이다."[4]

선택지 3: 포용 — 미적 반응

우리의 마지막 선택지는 이미지 문화를 수용하고 포용하는 것이다. 이미지 문화는 이미 주어진 것으로서, 사실상 '새로운 자연'이다. 이것은 이 세상이 어떻게 보이는지에 대한 데이터베이스이며, 매시간 곳곳에 자리한 셀 수 없이 많은 '이미지 포착 장비'들에 의해 쏟아지는 이미지로서의 세상이다. 이런 환경에서 예술을 창작한다는 것은 처음부터 새로움을 생성하는 것이 아니라, 주어진 이미지들을 추출하고 재조합하는 것이다. 이제 우리는 모두 [창조의 과정에 있어서 무언가를] 선택하고 추출하고 잘라내고 재조합하는, 전용appropriation의 예술가이다. 이러한 미적 시도를 이어가기에 인터넷은 가장 위대한 이미지 아카이브이다. 인터넷에서 모든 것은 검색이 가능하다. 그리고 모든 것은 같은 방식으로 인코딩되며, 조작과 재조합의 균형을 맞춰나간다.

전용과 재조합을 포용하는 미학은 동시대의 문화에서 가장 우세한 창의적 패러다임 중 하나이다. "90년대 초반부터 기존에 있던 작업을 기반으로 한 예술 작품들이 이전보다 훨씬 더 많이 만들어졌으며, 더 많은 예술가들이 다른 사람의 작업이나 접근하기 쉬운 문화적 상품들을 해석하고 재생산하고 다시 전시하거나 사용하였다… 이러한 새로운 문화적 지형은 DJ나 프로그래머라는 두 모습으로 특징된다. 이 둘은 모두 문화적인 오브젝트들을 선택하고 다른 새로운 맥락에 끼워 넣는 임무를 담당하고 있다."[5] 그리 멀지 않은 과거를 보면, 팝아트는 대중문화로부터 이미지를 취하여, 다른 관중들과 제도적 맥락에 맞게 재구성하고 결합했다. 그전에는, 로버트 라우첸버그Robers Rauschenberg의 '컴바인combines'과 마르셀 뒤샹Marcel Duchamp의 '레디메이드readymade'가 있었다. 보리스 그로이스Boris Groys가 주장하길, 20세기 예술의 모든 참신함은 이미 문화적으로 가치를 지닌 것을 취하고서 이것을 평가 절하하거나, 또는 이와 동시에, 저평가를 받고 있는 것을 재평가하는 것에 있다고 했다. 이는 다시 말해, 신성한 것에는 모욕을 주고, 반대로 그렇지 않은 것에는 신성함을 쥐여주는 것이다.[6]

이 선택지는 사용 가능한 모든 이미지 문화를 원재료로서 대하고자 하는 미학적 자세이다. 이 재료는 예술[작품]을 만드는 데에 사용될 수 있는 다양한 형태와 색상과 질감, 그리고 해상도를 갖고 있다. 이는 이러한 정보가 어떻게 감각적으로 인지할 수 있게끔 만들어지는지 또는 어떤 모습으로 드러나는지와 관계가 있다. 이것은 이미지가 유효해지는 지점 그리고 감각적 반응이 만들어지는 지점에 대해서 질문한다. 이는 이미지의 실제 진실에 대해서 질문하는 것이 아니라, 오히려 이미지가 진짜 같은지 혹은 가짜 같은지를 질문하면서 그 속성을 적절히 활용하는 것을 의미한다. 이것은 이미지를 실제로 제작한 사람으로부터 시작하는 것이 아니라, 이것이 다른 문화적 이미지에 무엇을 암시하는지에서부터 시작한다. 이는 과정이 아니라 효과에 관심이 있다.

윤리적 반응과 인식론적 반응의 대부분이, '미'로서의 리얼리즘에 대한 불신, 그리고 이미지를 관리하려는 방법으로서의 추상화에 대한 의지를 반영한다고 말할 수 있다. 윤리적 측면에서 이는 근본적 지오메트리에 대한 의존으로 드러나며, 인식론적 측면에서는 '다이어그램에 의한 구조적 논리'에 대한 의존으로 드러난다. 그러나, 디지털 이미지에 관하여 추상과 리얼리즘의 관계는 무엇인가? 첫째로, 때로는 우리가 이미지를 포토리얼리즘을 바탕으로 평가하더라도, 디지털 이미지는 사진술 photography의 매체는 아니다. 그리고 이를 밝혀두는 것은 중요하다. 디지털 이미지는, 비록 이것의 최종적 모습이 그렇지 않아 보여도, 이것의 구성과 조작, 그리고 저장과 전송 과정 안에서 완전한 추상으로 존재한다. 디지털 이미지는 '추상적'으로 보이는 것과 '자연스럽게' 보이는 것 사이의 차이를 알지 못한다. 이러한 차이는 관찰자가 만드는 것이다. 어떠한 이미지를 확대해보아도, 보이는 것은 제각각 존재하는 픽셀들의 콜라주일 뿐이다. 그리고 여기에는 오직 세 가지 변수 hue, brightness 그리고 saturation만 있다. 이미지 인식 알고리즘은 인접한 패턴을 위해 이러한 변수들의 데이터를 스캔한다. 알고리즘이 콜라주의 이음새를 계산하는 방식에서, 우리는 해당 이미지가 진짜 같은지 인위적인지를 구별하는데 이러한 이음새를 사용한다. 이러한 이미지들에 대한 미적 평가는 이것의 출처(근원의 윤리)에서 나오는 것도 아니고, 이것의 생산(인식론적 과정)에서 나오는 것도 아니다. 오히려 이는 미[적 효과]에 기반한 전용에서 비롯되며, 이 과정은 다양한 겉모습 상에서 추상화를 사용한다. 전용에서의 탈맥락화와 재맥락화는 추상화의 과정을 리얼리즘에서의 미적 긴장을 만들어내기 위해 사용한다. 미학적으로 말하자면, 추상화와 리얼리즘이라는 용어는 서로 반대되는 개념이 아니라 서로를 뒷받침하며 나아간다. 이러한 미적 긴장은 무언가의 본질을 찾는 것이 아니고, 특정 지식 구조의 정당화를 위한 것도 아니며, 오직 세상의 새로운 모습을 위한 조합을 열어젖히길 희망할 뿐이다.

미적 포용은 이미지 세상을 야생 지대가 불모지를 직면하는 상황의 징후로서 바라본다.[7] 이는 윤리와 인식론이 이[불모지와 야생 지대]를 관리 가능한 땅으로 분리하려 하는 인위적 관습을 종결하는 것이다. 이러한 상황은 더는 우리가 관리인 또는 착취자가 될 수 있다는 것에 대한 믿음을 버리게 만들며, 오히려 우리가 이미지 세상을 조작하고, 또는 그 용도를 변경하고 재해석함으로써 이에 대한 창의적인 소비할 수 있게 한다. 그리고 이는 오늘날 우리가 정치적으로 개입하고 있는 미학적 자세를 동반한다.

The Wasteland Management of the Image Wilderness

Michael Young

> This text in English was originally published in *Offramp 13: Guise* (Spring/ Summer 2017). *Offramp* is an academic journal published by SCI-Arc in Los Angeles. The copyright of the text is to Michael Young.

The wasteland and the wilderness are not real. They are cultural constructions formulated to describe specific relations to nature that escape human use value or mastery. Both terms describe a nature outside of and in distinction from culture. They are our own artificial abstractions. I mean this both conceptually and literally. Wastelands are places that threaten human activity. The wilderness describes places that human activity threatens.

There are ethical ideas driving both categories. The struggle to transform the wastelands of swamps, deserts, mountains, and jungles into useful resources; cities, agriculture, industries, is part of the history of civilisation.[1] This can be described as a work ethic capitalising on the conceit of providence. The ethics driving wilderness preservation comes from a sense of responsibility, of stewardship. The determination that certain areas should remain outside of human intervention. Both of these desires lead towards problematic conditions. By labelling something as waste, its visibility becomes undesirable and can be excised from cultural sight and made available for 'improvement.' These actions often literally create new wastelands through the damage that human activities bring. In order to label something as wild, cultural intervention must be regulated, limited, distanced. This requires drawing a line around an area, an abstraction maintained through policy, representation, and infrastructure. We encircle the wilderness, which is now inside a cultural construction, while we are outside, looking in.

There are important epistemological aspects also at work here. The terms wasteland and wilderness are used to test the limits of human culture, to provide a boundary for the construction of knowledge. These are places where we experiment at a distance, and places that we try to understand from a distance. (For instance, we exploded nuclear devices in the deserts of Nevada and New Mexico, and the Marshall Islands ((named the Pacific Proving Grounds)). These places were deemed remote enough from us to handle the trials of massive destruction.) The wilderness requires that we study it through remote mediations, mappings, and measures made at a distance to limit our interference, we call these spaces laboratories. The wasteland and the wilderness prove necessary limit conditions in the development of systems of mediation for the cultural practices of science, ecology, technology, politics, and warfare. They provide 'the other,' the outside, the world without us, the real.

Strange. The wasteland and wilderness are artificial constructions, thus not real, yet we use concepts like these continually to define the real. To say this in a slightly different manner; we use abstractions to define realism.

The following essay is not an ecological discussion, our if so, it is analogical to these concerns. The topic at hand is the image culture spread through the Internet. To see the Internet as waste that must be managed, cultivated, and harvested, or to see it as wild, requiring critical study and decoding, fits into the ethical and epistemological narratives regarding the wilderness and the wasteland. The Internet sometimes feels outside of our cultural control. It can seem random, amoral, contingent; a place where every image is meaningless yet stored forever. Images proliferate and spread like weeds and viruses throughout the screens and databases of the planet. The Internet has also quickly become the dominant place for how we understand the world to look. A world curated by millions of human and non-human actors capturing and posting the appearance 'out there,' for consumption and capitalisation by others 'in here.' It is a network of linked landscapes, their interrelations coded; abstract, logical, programmable and conceivably controllable. Yet this is rarely how it feels and behaves. For the control and knowledge of how this operates does not lie with the viewer, the user of the Internet. The vast majority of us are marginalised, outside of the inner workings of this landscape. We typically condemn it as either a wasteland of inhospitable threatening images, or a wilderness of random contradictory information.

It is this condition of a world becoming mediated outside of human guidance that brings the parallel between the Internet image world and the constructions of the wilderness and the wasteland. A great deal of our current anxiety regarding the Internet is similar to our anxieties regarding the conditions described as waste and wild. We are fearful that our imaging of the world, our representations of it, are now outside of our use and control, outside of our understanding, and not to be trusted as real or truthful. Architecture fears that this image proliferation will amount to a loss of criticality as architecture becomes mediated in manners that we have little disciplinary discourse to address. This is ultimately a fear of the image, specifically the image of realism.

This becomes clearest within aesthetics. The photorealist image is viewed as seductive. At best it prolongs an antiquated pictorial view of the world that conceals bias. At worst it is used as propaganda for nefarious means. But, if we follow the development of realism as an aesthetic, we find that it is never a naive naturalistic picture of the world. It is instead the tension produced when reality begins to look other than assumed. This puts a pressure on how we previously viewed reality, it creates a doubt in our mediations and representations, and leads towards a desire to understand this tension, to produce knowledge. An aesthetic concern for realism is the tension of the wasteland meeting the wilderness. It takes the image as given, appropriates it and combines it to challenge the assumptions of how the world is made sensible. It is not concerned with the use value or the processes that produced the environments, it is concerned with how they look, what affective qualities they have, what allusions they provoke, what spaces of articulation are opened up. It is also a mode of engaging the world that is equal to and independent of ethics and epistemology.

> 'Before it is cognitive, let alone conscious, thought is primordially an affective and aesthetic phenomenon. This is best grasped as a process of what Alfred North Whitehead calls "feeling." Whitehead uses this word, he says, as "a mere technical term" in order to designate "that functioning through which the concrescent actuality appropriates the datum so as to make it its own." What this means, in more familiar language, is that every entity becomes what it is by "appropriating" what is left behind by other entities that precede it. Most crucially, an entity perpetuates itself by appropriating its own prior states of existence. But an entity also appropriates other entities in its surroundings. It picks up whatever it encounters:

whatever affects it, or provides conditions or resources for its own continued existence.'[2]

I suggest that there are three possible responses regarding architecture's current inundation with images. These are rejection, critique, and embracement. For the purposes of this brief essay I wish to make two points. One, these three responses reflect three modes of relation to sensible information. The three modes are ethical, epistemological, and aesthetic respectively. I will argue that these three modes each have different implications and should be understood as equal in their footing, not subservient to each other. Second, although the quantity and speed of image consumption has accelerated, this change is largely a difference in degree not a difference in kind from earlier image regimes. If it is only a larger, faster distribution that we are dealing with then there is little cause for alarm as the concerns could be dismissed as generational, or even evolutionary. But, there *is* something different at play here. What is different is the relation between abstraction and realism. This tension has shifted, and the manner in which we interpret and create images within the Internet regime calls for a revaluation of ethical, epistemological and aesthetic modes of engagement.

Option 1: Rejection—The Ethical Response
It is a legitimate response to distrust the images that we see online. We know that they have been selected, edited, and manipulated to present a pictorial vision of the world which is not necessarily true. Or if we do trust them to be documents of a mechanically reproduced reality, we are clearly aware that the context has been excised to influence how we receive them. The ethical response is one which asks questions regarding truth and veracity; questions about what is the reality we are given access to via the image. At its extreme position we have

the foundations of Western Philosophy in the Platonic dialogues. For Plato, all images are to be distrusted as they are a second order simulation; our vision itself is not to be trusted. The true is transcendent of our senses, it is in the realm of ideas; the model is the abstraction of geometry.

The discipline of architecture has rejected images many times throughout its history. This desire has rarified itself into the disciplinary specific sets of measurable orthographic line drawings. Here, as in Plato, geometry provides the verifiable truth of what an architecture actually is. Leon Battista Alberti was among the first modern commentators to recommend that architects reject perspective drawings, for they create distorted illusions as opposed to true proportions. We see this trend again today with a number of practices rejecting the image in favour of the drawing. The circumstances may be motivated more by the desire to distinguish a young practice from the computer generated renderings of the previous generation, but at the core of this is also an ethical response against the image. The image is seductive and outside the discipline, the drawing is abstract and disciplinary specific.

This is also an aesthetic based on an ethic of labor laid bare. This is an extension of craft based aesthetics, where the craftsman has truthful access to the relations between technique, material, and use. It carries the mantra of a 'truth to' category: truth to material, truth to site, truth to program, truth to process, truth to structure, truth to representation, truth to … Aesthetics is the secondary fall out of an appropriate ethics. This response also aligns with the tendency to treat modern art as a form of transcendent abstraction opposed to the pictorial naturalism of the art that preceded the 20th century. Abstraction in this mode, lays the process of mediation bare while pictorial images lie, concealing these truths under the guise of a desired image of reality.

An ethical stance regarding the effects of architecture in society is fundamental. It is something that all architects have a responsibility to uphold. It is something that is under constant threat given the economics that fund the development of the environment into built form. My question is, does ethics help us navigate contemporary image production and reception if its primary stance is distrust and rejection? It could be argued that all mediations are partial and biased regardless if they are a drawing or a photorealistic image. The visual residue of labor and the disciplinary encirclement of a expertise are not enough to validate one form of representation over another. If all mediations are ethically suspect, then we will have an extremely difficult time addressing any media culture. Furthermore, should we assume that abstraction is an expression of 'truth'? Does it not seem just as likely that the reduction to an abstract essence removes and ignores significant attributes that would be necessary in formulating an ethical stance towards 'the real.'

Option 2: Critique—The Epistemological Response
This second position demands that we engage the culture of image production as one which cannot be rejected, but one of which we must become critically aware. Awareness is the key desire here. A critical response to images does not dismiss them as outright falsehoods, but instead seeks to reveal the power structures beneath them that are driving their appearance. Once the observer has the knowledge of how these images are manipulating them, towards what ends, and by which forces, they will no longer be fooled. They can move from passive consumption to engaged interpretation. Awareness shifts the power of an image's seduction from the creator to the user. It has at its base a desire for emancipation in line with the philosophies extended from the Enlightenment.

What does critical awareness look like in relation to Internet image culture. Would it be awareness of the institutions and businesses that fund image production and dissemination? Would it be awareness of the impacts that these images have on various demographic groups and the manners in which these images act nefariously or oppressively? Would it be awareness of the consumption patterns, the popularity, of how visual information is distributed and monetised throughout the Internet? Would it be an awareness of the algorithms that sort similarities and differences between appearances to create our personal image worlds? Would it be the knowledge of the curator who can weed through the wilderness of images to collect the salient moments? All of these are important, all of these need to be pursued and exposed, and all of these lead to data.

Data is the end result of a critical practice regarding Internet image culture. It also, as in all bureaucracies, is the information in the bureau that gives the holder of that information power.[3] It could be argued that data in itself is not a critical project, it is how this data is represented and theorised that becomes crucial. The aesthetics of data mapping and network diagrams are attempts to visualise these ever-changing systemic interconnections at work in modern society. For a critical awareness project, the reduction to these abstract diagrams is the aesthetic desire, for in these, relations can be made clear and intelligible, they can form knowledge. They describe the deep structure underlying appearances. It is obvious, but I will point it out anyway, that aesthetics here is a secondary category subservient to and legitimised by epistemology.

Throughout the history of architecture, numerous methodological proposals for aesthetics generated through knowledge have been proposed. Each new methodology replaces the previous by structuring a critical argument against it. This critical attack on the dominant aesthetic is a crucial component of epistemologically based aesthetics. For early 20th century modernism the methodology to critique was the academicism of the École des Beaux Arts. In the late 1960's there was a critique of modernism's functionalist methodology with proposals for re-grounding the discipline in historical knowledge. In the 1990's there was a rejection of postmodernist referential irony with proposals for an aesthetics based on the procedures of digital technology. This last methodological argument finds its most recent propositions falling under the titles of parametricism and big data analysis. It may sound odd to lump parametricism in with other critical practices, and I am sure there is a collective sigh at the suggestion, but to argue that a building's form is the direct result of data collection and processing is to argue that aesthetics is the outcome of an epistemological position. It may be technologically driven (and uncritical about that); it may be too positivistic regarding the reduction to measurable data (and uncritical about this as well); but at its core, parametricism is an attempt to mobilise the computational abstractions running much of our contemporary culture for an aesthetic outcome.

It should be noted here the presence of an abstract aesthetic. This is a different abstraction than the ethical desire to exclude visual resemblance towards an essential truth. An epistemologically based aesthetics of abstraction is actually about verisimilitude. If the world is increasingly abstract, its aesthetics should look increasingly abstract. This becomes the representation of the abstractions of modern economies, policies, and mediated social relations. As Peter Halley expresses, 'In fact, abstraction in art is simply one manifestation of a universal impetus toward the concept of abstraction that has dominated twentieth-century thought.'[4]

Option 3: Embracement—The Aesthetic Response

Our last option here is to accept and embrace image culture for what it is. It is a given, a 'new nature.' It is the database for how the world looks, the world as image spit out by the millions of image capturing devices located everywhere, all the time. To produce art in this environment is not to produce novelty from scratch, but to extract and recombine images as given. We are all now appropriation artists that select, extract, cut-out, and recombine. To aid this aesthetic endeavour, the Internet is the greatest image archive ever created. Everything is available to search. Everything is encoded in the same manner, levelling the field for manipulation and recombination.

This aesthetic embrace of appropriation and recombination is one of the dominant creative paradigms in contemporary culture. 'Since the early nineties, an ever increasing number of artworks have been created on the basis of preexisting works; more and more artists interpret, reproduce, re-exhibit, or use works made by others or available cultural products ... this new cultural landscape marked by the twin figures of the DJ and the programmer, both of whom have the task of selecting cultural objects and inserting them into new contexts.'[5] To look towards the recent past, Pop Art took the images of popular culture, repurposed and combined them for a different audience and institutional context. Further back are precedents in the *combines* of Robert Rauschenberg and the *readymades* of Marcel Duchamp. Boris Groys has made the argument that all production of novelty in 20th-century art consists of taking the culturally valued and devaluing it, while at the same time taking the undervalued and valorising it. Making the sacred profane, and sanctifying profanity.[6]

This is an aesthetic position that treats all of the image culture available as raw material. This material has various forms, colours, textures, and resolutions that can be used in the production of art. It is concerned with how this information is made sensible, how it appears. It asks about an image's affective qualities and the sensory response produced. It does not begin with a question regarding an image's actual truth, instead it asks if it looks real or fake, and uses the qualities accordingly. It does not begin with who produced the image, but with what allusions it has to other cultural images. It is not concerned with process, but with effect.

To return to an idea presented earlier in this essay, we could say that many of the ethical and epistemological responses reflect a distrust of realism as an aesthetic, and a recourse to abstraction as the method for image management. This happens ethically as a resort to essential geometry, epistemologically as a recourse to diagrammatic structural logic. But, what is the relation between abstraction and realism regarding the digital image? Firstly, it is important to note that the digital image is not the medium of photography, even if we evaluate the image sometimes in terms of photorealism. The digital image is completely abstract in its construction, manipulation, storage and transmission, regardless if it lays these abstractions out as the end visual appearance. The digital image knows no difference between something that looks 'abstract,' and something that looks 'natural.' This difference is brought by the observer. Zoom into any image, it is a collage of discrete pixels, each of which only posses three variables: hue, brightness and saturation. Image recognition algorithms scan the data of these variables for patterns of adjacency. In a way they are computing the seams of the collage, the seams that we use to determine if an image looks real or artificial. The aesthetic assessment of these images does not come from its source (ethics of origin), nor does it come from its production (epistemology of process). It comes from an aesthetic of appropriation, using abstraction in a different guise. The de-contextualisation and re-contextualisation of appropriation uses abstraction to create the aesthetic tension of realism. Aesthetically speaking, these two terms of abstraction and realism are not antithetical, but wind their way through each other. This aesthetic tension is not in search of an underlying essence, or in service of legitimising knowledge structures, but hopes to open up new combinations for the appearance of the world.

The aesthetic embrace views our image world as the manifestation of where the wilderness meets the wasteland;[7] a closing of the artificial loop that ethics and epistemology seek to break apart into manageable terrain. This situation asks to no longer believe ourselves to be the caretakers or the exploiters of this background, but instead it requires that we are able to manoeuvre, re-purpose, appropriate, creatively consume the image world. It is with an aesthetic stance that we politically intervene.

1. Vittoria Di Palma, *Wasteland: A History* (New Haven, CT: Yale University Press, 2014).
2. Steven Shaviro, *Discognition* (London, UK: Repeater, 2015).
3. Bruno Latour, "Vision & Cognition: Drawing Things Together," in *Knowledge and Society Studies in the Sociology of Culture Past and Present*, vol. 6, ed. Henrika Kuklick (Greenwich, Conn: Jai Press, 1985).
4. Peter Halley, "Abstraction and Culture," in *Selected Essays: 1981–2001* (New York, NY: Edgewise, 2013).
5. Nicolas Bourriaud, *Postproduction* (New York, NY: Lukas & Sternberg, 2002).
6. Boris Groys, *On the New* (London, UK: Verso, 2014).
7. I am indebted to Peter Galison for this phrase of the wilderness meeting the wasteland, from a lecture at Princeton University School of Architecture in April, 2013.

기계 속의 가든: 건축 매체에 관한 이야기
다미얀 요바노비치

번역: 정해욱

해당 번역본의 원문은 *SAC Journal 3: Garden State-Cinematic Space and Choreographic Time* (October 2016)에 실려 있음을 밝힌다. *SAC Journal*은 슈테델슐레 건축 프로그램에서 발행하는 학술 저널이다. 또한, 이 글의 저작권은 다미얀 요바노비치 Damjan Jovanovic에게 있음을 밝힌다.

"미디어는 우리의 환경을 결정한다." — 프레드리히 키틀러[1]

가든garden은 유토피아에 관한 궁극적 개념이다. 이것은 자연과 문화를 그저 충동적으로 조화시키기보다는, 극단적으로 양분하려는 것을 지양하는 것에 가까우며, 완전히 통제된 자연 속에 거주하는 것으로부터 비롯되는 정돈된 고요함을 전제로 한다. 가든은 잘 정돈된 대지 위에 거주하는 것이 주는 지적인 기쁨과 함께, 우리에게 총체적인 감각적 몰입을 제공한다. 여기에는 두 가지 사실이 포함된다. 첫째로, 가든은 질서와 기쁨을 조화시키려는 욕망으로부터 비롯된 허구이다. 역사적으로 볼 때, 테크놀로지는 출현할 당시에만 하더라도 자연을 파괴하거나 저해하는 것으로 간주되었다. 하지만 20세기 후반에 들어서는 휴머니티가 테크놀로지에 동화되어버리기 때문에 이들의 관계는 다시 생각해야 하는 문제가 된다. 바로 이 지점에서, 테크놀로지를 자연 그 자체로 간주하게 되는 거대한 전환이 일어난다. 초창기 사이버네틱 문화는 당시의 낙관적 전망과 맞물려 테크놀로지가 가든을 완성시켜 줄 거라는 기대를 우리에게 심어주었다. 그때는, "언젠가 우리가 테크놀로지의 애정 어린 은혜로부터 보호받을 때"[2] 평온한 테크놀로지의 시대가 찾아올 것이라 상상했다. 그러나 이것은 이러한 영향을 눈으로 직접 볼 수 있게 되는 개인 컴퓨터와 인터넷이 등장하기 전까지는 유효하지 않았다.

그러다 오늘날의 상황에 이르면, 하드웨어보다는 소프트웨어 테크놀로지가 새로운 유토피아적 패러다임의 적임자가 된다. 왜냐하면, 이것은 공유와 자유 기반의 정보 흐름을 중심으로 새로운 정치적 아이디어를 불러일으키기 때문이다. "행성적 규모의 컴퓨테이션"[3] 시대에서, 모든 감각적인 효과를 불러일으키는 것은 소프트웨어이다. 반면에 하드웨어는 보이지 않을 수 없어서 오히려 소원해진다. 예를 들어 건축은, 자신의 모든 조건들이 오직 소프트웨어를 통해 만들어지지만, 결과적으로는 하드웨어에 기반하여 존재하는 역설적인 위치에 있다. 그래서 '디자인'이라는 개념은 소프트웨어에 속하게 된다. 또한, 흥미로운 것은, 100년 전에 르 코르뷔지에는 사람들이 거주하는 기계로서의 새로운 건축을 끝없는 가든 속에 놓인 것으로써 제안했었다. 하지만 이는 반대가 되어 오늘날 우리는 모두 기계 속의 가든에 거주하고 있다.

구현 및 실천이 대리적으로 이루어지는 것에 중점을 두는 알베르티의 건축 패러다임은,[4] 건축적 디자인이 기보 notation와 표상 representation의 형태로 구성됨을 시사했다. 이는 마치 매체[5]가 건축가가 씨름해야 하는 전부인 것처럼 보이게 한다. 건축은 관계 대상에 관하여 디자인을 통해 작동하는, 주로 문화적이고 시각적인 실천이다. 여기서 디자인은 이에 대한 배열과 구성으로서 이해될 수 있다. 그리고 이 지점에서 건축가가 모델과 드로잉을 통해 작업할 때, 주로 생산하는 것은 이미지이다. 미디어학자 레브 마노비치 Lev Manovich에 따르면, 디지털의 도래와 함께 거의 모든 현대 생활의 영역에서 인쇄, 사진, 라디오, 영상 등의 다른 매체들은 붕괴되어 메타-미디어로서의 '소프트웨어'로 통합되었다.[6] 그리고 마샬 맥루한 Marshall McLuhan에 따르면, 새롭게 등장한 매체는 앞서 존재하던 매체를 완전히 대체하기 전까지는 최선을 다해 앞선 매체를 모방하게 된다. 이런 이유로, 19세기 후반에 시네마가 처음으로 등장했을 때, 이것의 형식적 어휘들은 몽타주나 움직이는 카메라 같은 시네마 고유의 매체 특정성을 발견하기 전까지 연극의 것들을 그대로 차용하였다.[7] 중요한 것은, 이 변화는 오래된 매체에도 찾아온다는 점이다. 예를 들어, 사진술의 소개와 함께 회화에는 추상이라는 형식의 새로운 특정성이 도래하게 된다.

만약 하나의 매체가 모든 다른 매체를 포괄하게 된다면 어떻게 될까? 그렇다면 모든 것은 달라질 테지만, 아직 그러한 가능성을 지닌 소프트웨어의 특정성에 대한 문제는 주요하게 다뤄지지 않았다. 이에 관해, 건축 디자인이 소프트웨어를 통한 실천으로 이해되는 오늘날의 상황을 고려한다면, 클레멘트 그렌버그 Clement Greenberg의 매체 특정성에 대한 개념은 건축의 문제에 대한 것으로써 다시 짚어 볼 필요가 생긴다. 그렇다면 다음과 같은 질문이 가능하다. 다른 매체가 할 수 없는 것으로써, 소프트웨어는 무엇을 할 수 있는가?

이에 대한 답변으로, 우선 매체의 조건과 효과를 구별하는 것이 매우 중요하다. 일례로 시네마의 사례에서, 매체의 기술적 조건들은 움직임이라는 환영적 효과를 만들기 위해서 수많은 별개의 이미지들을 활용하는 것들이 해당한다. 그런데 영화가 별개의 이미지들로 작동한다는 사실이 연속성으로 인식되는 효과를 무력화하지는 않는다. 소프트웨어 또한 이와 같다. 2진법을 바탕으로 소프트웨어가 하드웨어를 작동시킨다고 하여, 이러한 조건이 소프트웨어가 일으키는 감각적인 효과들의 거대한 영역에 대하여 말해주지 않는다. 마찬가지로, 추상적 데이터들 즉 무한함과 임의적 가치들이 컴퓨테이션의 핵심이라고 할 수 있겠으나, 컴퓨테이션은 소프트웨어의 조건과 효과가 특정 방법으로 읽힐 수 있게끔 코딩될 때 오직 디자인 방법론의 문제로서만 유효하다. 바로 이 지점에서, 코드와 이것의 언어적 연관성에 대한 질문이 전면에 등장한다. 실천으로서의 코드 혹은 일반적인 코드들은 글쓰기와 명백한 동일성을 가졌음에도 불구하고, 어떠한 미학적 분석으로도 이어지지 않는다. 코딩은 그 자체로서 자명하고 수학적인 모델에만 의존하며, 다른 종류의 기호학에 속한다. 소프트웨어(혹은 컴퓨테이션)는 오직 코딩의 결과물이 코딩이 아닌 무언가로 시각화되었을 때만 디자인적으로 흥미로워진다. 여기서 중요한 질문은 다음과 같다. 어떻게 이러한 결과물들이 시각화되는가, 그리고 어떤 환경적 조건 아래서 이러한 가시성이 작동하는가?

알고리즘과 인터페이스

알고리즘은 소프트웨어의 매체 특정적 핵심을 형성하며

상호작용성interactivity 등과 같은 중요한 효과를 만들어낸다. 그리고 이것은 시각화된 경우에만, 알고리즘이 갖게 되는 핵심적인 속성을 건축과의 관계 속에서 논할 수 있게 된다. 즉 이것은, '인터페이스'가 수반되었을 때를 의미한다. 이것은 정확히 왜 건축에서의 컴퓨테이션에 대한 질문이 이것의 숫자-기반적, 바꿔 말해 '양적인 속성'과 절대로 동일하지 않은지 설명해준다. 오히려 그 질문은, 이런 양적인 부분들이 어떻게 광학적으로 눈에 보이는optical 속성을 드러내게 되는지, 그리고서 시각적visual, 기호학적 '특질'로서 드러내게 되는지에 대한 것과 직결된다. 코드는 그저 기본적인 인터페이스다. 하지만 건축 디자인은 컴퓨테이션에 관한 문제에 중점을 두는 것으로 정의 내려진 시각적이고 문화적인 실천이다. 디지털 세대의 디자인 과정이 코드라는 언어의 기능에 기대고 있고 또한 디자인 소프트웨어라는 형식에서도 공간에 대한 표상으로서의 코드에 기대고 있음을 고려하면, 이것은 분명 컴퓨테이션이라고 볼 수밖에 없다.

이를 달리 말하면, 매체가 가진 조건들은 오직 구성composition에 대한 질문이 전면에 등장할 때, 그리고 그것들이 그 자체로 구성되거나 구성할 수 있을 때만 중요해진다. 예를 들어, 영화의 의미를 이해하기 위해서 필름에서 일어나는 화학적인 과정들을 들여다볼 필요는 없다. 그렇지만 영화용 필름의 속성들은 이미지의 구성에 결정적인 자국을 남기거나, 이후에 따르는 제작 과정 이전의 이미지 구성에 영향을 끼치곤 한다. 이를 다시 건축으로 옮겨오면, 우리는 건축과 같은 시각적이고 문화적인 실천과 화학과 같은 과학적인 실천을 혼동하지 말아야 한다. 이를 위해 우리는 간단한 룰을 적용해 볼 수 있다. 만약 어떤 절차가 부분을 결합하여 전체를 만드는 행위로서의 넓은 의미의 구성과 관련하여 기여하는 바가 없다면 그것은 디자인 과정과 관련이 없는 것으로 보자. 그런데 사용자가 무언가를 지시하기 전에 공간을 구성하는 행위를 작동시키는 조건들이, 어느 매체나 마찬가지로 디자인 소프트웨어에도 이미 존재할 것이다. 그렇다면 이런 맥락을 고려했을 때, 건축에서 소프트웨어는 무엇을 의미할까?

이를 위해 건축가의 일상을 돌아보자. 건축가는 매일 소프트웨어를 통해서 일하지만, 디자인 프로세스의 핵심적 요소로서 소프트웨어가 가지고 있는 특정성은 간과한다. 그들은 주로 소프트웨어를 종이와 별반 다르지 않은 수동적인 도구로 여긴다. 그러나, 만약 소프트웨어가 자신만의 고유한 매체 특정성을 가지고 있다면, 구성에 대한 이것의 자체적 특질은 사용자가 만들고 있는 모델에 항상 영향을 끼칠 것이다. 따라서, 이러한 가상(디지털 또는 알고리즘에 의한) 오브젝트의 본질과 그것이 결국에 보여지게 되는 현실과의 관계를 조명하는 질문을 제기하는 것은 중요해진다. 그럼에도, 이것은 디자인 영역에서 탐색 되지 않은 거대한 문제를 남긴다. 왜냐하면, 아직까지도 디서플린은 디지털을, 실재하거나 투영되어진 건축적 생각-행위에 대한 섀도우 카피나 수동적인 템플릿으로써 마치 고유의 특정성이 없는 것처럼 대하고 있기 때문이다.

건축은 해당 디자인 과정에서 여전히 전통적인 표현법에 의존하고 있다. 이것에는 대표적으로 투시나 평행-투사 등의 투영 projection 기반 이미지 등이 해당한다. 투영하는 행위는 건축 디자인에서 가장 중요한 부분을 차지하며, 이는 소프트웨어를 다루는 것에도 그대로 이어진다. 하지만 소프트웨어는 다른 방식의 투영하는 법을 도입하고 있다. 이 투영법에서는 상호 간 행위 interactivity를 가능하게 하는 능동적 투영이 핵심이다. 여기에서 모든 투영 행위는 '게이즈gaze[응시]'와 짝지어져 있으며 '그리드' 위에서 작동한다. 그리고 그것은 그 자체로 주요한 디자인 오브젝트이다. 여기서 더 중요한 것은, 알고리즘인 소프트웨어의 본질은 사용자들이 그간 예측하지 못했던 새로운 '그리드'에 기반한 투영을 할 수 있게 한다는 점이다. 원칙적으로, 인터페이스로서 가시성을 얻는 모든 디지털 오브젝트는 그리드이다. 이런 관점에서, 모든 투영은 기본적으로 구성적인 compositional 속성을 갖는다. 또한, 같은 맥락에서 투영은 그 근본이 늘 정치적이다. 이런 이유로, 건축 분야 소프트웨어의 진정한 가치는 바로 이것이 새로운 투영 방식 modes of projection과 기존에 없던 방식의 비전 mode of vision을 구성할 뿐만 아니라 새로운 그리드 모델을 가능하게 한다는 점이다.

그러나 건축의 또 다른 역설이 여기서 등장한다. 능동적 매체로 가득한 세상에서, 건축 디자인은 오래되고, 고정되어 있고 수동적인 표상적 패러다임을 지켜내야 하는 상황이다. 그 패러다임은 디서플린 보존의 관점에서 중요하며, 또한 동시에 전적으로 소프트웨어에 의존적이다. 이

점은 다른 모든 문화적인 디서플린 또한 마찬가지일 것이다. 특히 건축 공간은 추상적이고 낮은 해상도에 머물러있다. 그것은 디자인 프로세스에 포함된 소프트웨어 특성과 인터랙티브 매체들의 영향들을 전적으로 포용할 준비가 되어있지 않기 때문이다. 마리오 카르포Mario Carpo가 설명했던 기보에 의한 병목현상 notational bottleneck은[8] 아마 이런 맥락에서 작동하고 있을 것이다. 디서플린은 역사적으로 축적되어온 여러 매체 속에 깊이 자리하고 있는데, 어쩌면 디서플린은 자체적 특성성 ─ 기존의 건축 지식체계가 가지고 있는 고유한 성질 ─ 에 의하여 이런 매체들을 혼란하게 만들지도 모른다. 그래서인지, 소프트웨어에 대해 성찰을 해볼 기회는 기존에 있던 매체들을 모방하는 방식으로 마치 다른 선택지는 없는 것처럼 계속 묵살되었다.[9]

생성적인generative 또는 파라메트릭한 모델링 방법의 소개는, 어쩌면 새로운 공간성을 인정하려고 하는 첫 번째 시도일지도 모른다. 그러나, 파라메트리시즘이나 여기서 파생된 이론 또는 방법론들은 자신들의 오류 앞에서 굴복했다. 그 오류는 문화적 실천으로서의 건축, 그리고 그 디자인 방법과, 보통의 과학적인 방법을 혼동한 것에서 기인한다. 이들이 건축의 수단으로 '리서치'라는 용어를 들여온 것은 유감스러운 부분이다. 파라메트리시즘은 '건축 디자인 프로세스'와 '자연에서 일어나는 프로세스를 모방하는 것'을 구별하지 못하고 자주 뒤섞어 생각했다. 이러한 지점은 파라메트리시즘에서 생물학적 메타포나 바이오메트릭 기술들이 지나치게 사용되었던 것으로 증명된다. 보로노이, 원 채우기, 엘-시스템, 리액션-디퓨전 등등 특정 알고리즘의 남용이 여기에 해당한다. 이러한 알고리즘은 모두 '퍼포머티브'한 자연적 현상에 대한 추상이다. 그리고 소프트웨어에서 이뤄진 이러한 모방행위들은 건축 모델로서 적합하다고 비판 없이 보장받아왔다. 여기서 중요한 것은, 이것이 알고리즘 모델의 구조적 수행성을 기반하지 않은 채로 건축에서 '적합한 방식'이라고 무비판적으로 받아들여진 것이다. 그리고 이러한 알고리즘 모델은 이해되는 부분이 있다 하더라도 논란의 여지가 존재한다. 그런데 건축의 의미를 질문하는 지점에서까지, 이러한 '적합성'이 우선시되어왔다는 점은 상황을 더욱 심각하게 만든다.

또한, 이와 관련된 파라메트리시즘의 담론들은 소프트웨어의 역할에 대한 논의를 또 다른 막다른 길로 인도한다. 소프트웨어는 축소되며 최적화되어 왔고, 컴퓨테이션에 의한 디자인은 기존의 관행, 즉 형태를 찾는 과정form finding에서 단지 재료의 물리력을 시뮬레이션하는 것으로 취급받아왔다. 이러한 흐름의 최종적 결과로, 그들은 '문화적인 디서플린으로서의 건축'을 실증주의적이거나 목적-기반의 유사과학 실천으로 납작하게 만들어버렸다. 그러나 파라메트리시즘 어젠다의 가장 걱정스러운 결과는, 바이오메트릭 또는 모포제네시스에 기반한 형태 언어를 찾으려는 시도들이 아니라, 공간을 디자인함에 있어서 사이버네틱 통제가 가진 힘을 순진하고도 맹목적으로 가져가고 또 재생산하는 것에 있다. 이는 결국 테크노크라트나 전체주의와 같은 암울한 정치적 프레임으로 다다를 것이다.

건축가들이 주로 일할 때 쓰는 모든 하위 매체 중, 오직 렌더링만 분위기 — ambiance, or mood and atmosphere — 에 대한 복잡도를 전달한다. 하지만 대체로 건축가들은 디서플린의 요구에 꼭 필요한 자료를 만드는 것에서 만족해버린다. 이로 인해 가상과 인터렉티브와 결부된 새로운 공간성spatiality에 대한 세계는 다른 이들에게 떠넘겨진다. 거대한 사이즈와 복잡성과 풍성함, 그리고 일부 컨템포러리 게임에서의 디테일에 대한 집중도 등은 앞서 언급한 새로운 공간성의 가능성에 대한 대표적인 예시이다. 이러한 세계에서의 몰입과 포화로 압도되는 느낌들은 사실 공간적 디자인에 대한 결과물이다. 이런 이유로, 디자인 방법론에 관해서라면 건축가는 방대한 컨템포러리-실천들이나 건축의 역사를 공부하는 것만큼이나 컴퓨터 게임과 소프트웨어 디자이너에게도 배움을 구해야 한다. 또한, 이것은 휴머니티가 앞으로 거주하고 경험하게 될 인공적 세계 — 그것은 '실제의 삶'과 별반 다르지 않을 — 에서 건축적 디서플린이 자신의 정체성을 찾게 되는 것뿐만 아니라, '실제의 삶'에 대한 새로운 건축적 부가물들이 만들어지거나 조직되거나 전파되는 것에 대한 조건들이 이미 전적으로 가상성과 디지털과 알고리즘 세계에 세팅된 것으로 보아야 한다.

CAD(Computer Aided Design)의 유산으로부터 나온 디자인 소프트웨어 패키지의 독점적 상황은 전통적인 건축 디자인 방법론을 유지시키며, 일부는 더 이상 쓸모가 없어진 전통적인 디자인 기보법과 그에 비롯된 요소들 — 이를테면 스케일 등 — 의 끝없는 재생산을 보장해준다. 또한 CAD 패러다임의 최신 버전인 BIM[10]은 디자인적 실천으로서의 건축 지식체계에 있어 굉장히 위협적인 존재이다. 왜냐하면 BIM 패러다임은 본질적으로 디자인보다는 프로젝트 매니지먼트에 관한 것이기 때문이다. 그래서 요즘의 가장 흥미로운 디자인 작업들이, Maya, ZBrush, Softimage, Houdini, Unity 또는 직접 코딩하는 방식 등과 같이 '본래의 기반이 건축이 아닌 소프트웨어'에서 나오는 상황은 조금도 이상하지 않다.

이러한 사정으로, 건축에서 소프트웨어의 역할은 전적으로 오해되어왔다. 우선, 소프트웨어를 활용함에 있어 이것의 특정성을 고려하지 않고, '역사적으로 그리고 필요상으로 정의된 것으로서의 디서플린'을 보존하려는 방편으로써 전통적 디자인 매체를 모방하는 것에만 집중한 부분이 그렇다. 둘째로, 자연에서 일어나는 프로세스의 모방을 위한 도구로써 소프트웨어를 사용해온 것으로 인해 디서플린에 관련되지 않은 부수적 효과들이 증폭된 점은 소프트웨어의 역할에 대한 오해를 가중시켰다. 정작 우리에게 필요한 것은 소프트웨어의 근본적인 특정성을 포용하는 것이며, 이것은 새로운 '가시성'으로 이해될 부분에 기반할 것이다.[11] 그리고 그것은 건축에 대한, 그리고 '건축적 픽션'에 대한 새로운 바탕이 될 수 있는 새로운 '비전-시스템'일 것이다.[12]

디자인 매체가 지닌 사변적speculative 속성의 역사

역사적으로 종이의 매체 특정성은 납작하고 평평한 성질과 소모적인 특성으로부터 기인한다. 이러한 특성은 건축의 특정 하위 매체들이 등장하기에 완벽한 조건이었다. 이를테면, 그것은 직각 투영orthographic projection 기반의 평면, 입면, 단면들이나 아이소 또는 엑소노메트릭 드로잉들이다. 알베르티 이래로, 건축가들은 표상 자체forms of representation를 중점적으로 다뤄왔다. 여기서 건축가들은, 표상이 '리얼리티'를 어떻게 획득하거나 지배해야 하는지 걱정할 필요가 없었다. 그리고 건축가들은 소프트웨어를 주로 시뮬레이션 도구로써만 사용했다. 이 부분은 특히, 소프트웨어가 주로 렌더링을 위해 사용되는 지점에서 명백해진다. 렌더링은 단순히 컴퓨터에서 만들어지는 투시 기반 드로잉이다. 건축가는 건물을 짓는 것이 아니라 건물의 표상을 만든다는 알베르티의 말이 옳다는 전제하에서는 렌더는 건축적 실천의 중심적 산물로 보일 수 있다. 렌더는 투시가 가졌던 역할을 그대로 따르는 이미지이다. 또한, 렌더는 근대 이전의 회화 특성인 모방으로서의 표상이 갖는 긴 역사로부터 비롯된 것이다. 그리고 이것은, 마치 소프트웨어와는 전혀 관계가 없다고 여겨지지만, 온전히 소프트웨어에 기반하는 완벽한 사례이기도 하다.

포토샵처럼 레이어 기반의 현대 디지털 이미지 제작은 오늘날의 건축적 표상들을 형성한다. 그러나 우리가 20세기 영화 예술의 교훈을 떠올려본다면, 이는 포토-콜라주처럼 전통적이고 수동적인 표상에 여전히 갇혀있다고 볼 수 있다. 사실 렌더는 새로운 건축적 리얼리티가 이상화된 이미지에 불과하다. 이런 이미지는, 아이들이나 풍선 또는 옥탑의 식물이나 벚꽃 등과 같은 전형적인 어휘 — 또는 비유 — 와 함께 나타난다. 가끔은 드문 사례로 건축 집단이 자신들의 작업을 소개하기 위해 영상을 사용하기도 하지만, 이 또한 수동적으로 이미지를 사용하는 것에 지나지 않는다. 그렇다면 비교적 최신의 테크놀로지는 어떠한가? VR 플랫폼의 사용은[13] 클라이언트가 거주의 경험을 직접 즐길 수 있게 해 준다. 이러한 거주의 경험은 건축이 원격-실재감telepresence을 통하여 구현되는 것에 기반한다. 하지만 최종적으로 이러한 가상 현실이 주요한 건축적 공간을 재현하는 수단으로써의 렌더를 대체한다고 하더라도, 이는 여타 '디자인' 매체들처럼 그저 무언가와 비슷한 환경을 가능하게 하는 정도에서만 건축적 디서플린을 변화시킬 뿐이다.

디자인 테크놀로지에 비하여, 제작 또는 건설 테크놀로지가 만성적으로 지연되는 현실은 디서플린에서 커다란 병목현상을 만든다. 그러나 사실 여기서 짚어봐야 할 역설은, 건축가들은 직접 무언가를 짓지 않지만 그것이 반드시 지어져야만 한다는 사실에 강박적으로 사로잡혀있다는 점이다. 알베르티가 제시했던 순수한 공간적 아이디어에 대한 창작자로서의 건축가라는 이상향은 아마도 "유틸리티 포그"[14]나 3D 프린팅처럼 디자인 공간이 실제 세계로 전적으로 합쳐질 때 완전히 작동될 것이다.

게이즈 gaze와 그리드 grid

공간 기반의 시각매체는 투영과 관련이 있는 두 가지 개념을 기반으로 분석될 수 있다. 그것은 '게이즈'와 '그리드'이다. 게이즈는 투영에 기반하는 모델-스페이스에 대한 보는 이의 시각적 접근이다. 게이즈는 절대 객관적일 수 없으며 언제나 의도를 기반으로 한다.

전통적으로, 공간을 기보하려 했던 수요는 디자인 의도와 축조를 위한 정보들을 동시에 기록하려는 것에 그 목적이 있었다. 그래서 이를 위해 직각 기반의 투영 규칙이 지배하는 디자인 프로세스는 반드시 필요했었다. 이 지점은 왜 직각과 투시 기반의 두 가지 종류의 게이즈가 그동안 있어왔는지를 암시한다. 다른 도구들과 마찬가지로, 직각 투영은 미학적이거나 정치적인 함의로부터 절대 무관하지 않다. 일례로 직각 투영은 굉장히 특정한 설정에 기반하는 속성으로 인해, 특유의 공간적 결과물을 만들어낸다. 역사적으로 건축적 디서플린은 평면적 사고에 강하게 의존하는 특정한 기술들과 동일하게 취급되었다. plan이라는 단어가 평면과 계획이라는 두 가지 의미를 동시에 지니는 점은 이 지점을 여실히 드러낸다. 따라서 건축에서의 계획하는 행위는 평면이라는 매체가 가능하게 해주는 정치적인 실천에 참여하는 것과 같다.

이를 더 자세히 들여다보면, 이 정치적인 실천은 해당 매체가 제공하는 게이즈를 바탕으로 발생한다. 이러한 게이즈는 평면상에서 일반적으로 탑 뷰와 동일하다. 그리고 단면과 입면에서는 사이드 뷰와 동일하다. 탑 뷰는 대상이 되는 공간에 대한 완전한 통제를 상징한다. 그리고 이것은 특히 중앙 집중된 정치 권력이나 계급구조와 함께 작동하는 아이디어들을 가능하게 하는 지점에서 강력했다. 로마의 도시계획이나, 중심점을 가지고 계획된 종교시설, 팔라디오의 이상적 빌라, 아홉 칸의 그리드 또는 네 칸의 그리드 등은 이에 대한 좋은 예시이다. 여기서 대칭성은 특히나 중요한데, 왜냐하면 이것은 평면 모드에서 가장 만들기 좋은 형식이기 때문이다. '대지 ground'는 또 다른 중요한 개념이다. 평면 기반의 탑 뷰에서, 대지는 하나의 배경으로 추상화된다. (이것은 figure-ground 개념에서 비롯되어 '대지'가 갖고 있던 원래 의미이기도 하다.) 그리고 이것은 놀리의 지도 Nolli map가 등장하는 지점에서 분명해진다. 단면과 입면에서는, 다른 종류의 관계가 명백해진다. 그것은 대지가 갖는 데이터에 대한 계층적 의존성이다.

다시 말해, figure-ground 관계에 대한 디서플린의 문제는, 이것이 탑 뷰와 사이드 뷰 양쪽 모두로부터 비롯되었지만, 각각 다른 부분을 함축한다는 점에서 이중적이다.

직각 투영 기반 표상의 주된 역할은 치수가 [각 방향에서] 일정하게 유지되도록 보장하는 것에 있다. 그러나 여기서 비롯된 또 다른 결과는, 그것이 대상이 되는 공간상에서 평평함 기반의 조직적이고 구성적인 원칙들을 도입하였다는 점이다. 그래서 이는 결과물을 더욱 추상적으로 만든다. 한편, 투시는 일반적으로 디자인이 끝난 이후에 분위기와 실생활에 관련된 환영을 만든다는 점에서 앞서 다룬 부분과는 다른 종류의 개념이다. 투시적인 투영은, 소실점이 관찰자의 눈으로 반전되는 지점에서 주관적 공간 관념에 대한 힌트를 준다. 특히 투시의 효과 중 하나는, 이것이 화면에 대하여 특정한 이해를 돕는다는 것이다. 이것은 공간을 조직할 뿐만 아니라, 관찰자를 재구성하고 둘 사이에서 특정 관계 형식을 만들어낸다. 그 관계는 '얽히고설킨 복잡한 관계'로 개념화될 수 있다. 게이즈 개념은 서로 응시하는 형식으로 발생하며, 이는 추상적 '그리드' 다이어그램을 통해 활용이 가능해진다. 예를 들어 르네상스 시대에 투시적인 투영은 디자인 툴로 사용되어왔다.[15] 하지만 건축 역사의 전반에서 투시는 '지나치게 주관적'이고 심지어 부정확하다는 이유로, 디자인 툴로 사용되기에 부적합한 것으로 이해되어 왔다. 모더니즘은 대상이 되는 공간을 '객관적으로' 바라보는 방식으로서 수평 투영 기반의 표상을 제시했다. 수평 투영에 포함된 게이즈는 또 다른 변종의 형식을 촉진했다. 이 형식은 바로 3차원을 시뮬레이션할 때 평면의 치수를 유지하는 '신의 모드god mode'로 바라보는 방식이다.

이는 건축에서의 구성에 관한 문제들이, 평면적이거나 입체적인 표상으로서의 매체가 지닌 영향력에서 벗어날 수 없다는 점을 나타낸다. 그리고 이러한 표상들은 그저 단어 그대로의 의미에 불과한 것이 아니다. 이것은 자체적으로 투영적인 체계를 가지고 있으며, 그 체계는 그저 기록하는 것 이상으로 특정한 공간적 결과물을 발생시킨다. 이러한 관계는 르네상스가 '레이 캐스팅으로서의 드로잉'을 발명한 것이 역전된 상황이라는 점에서 흥미롭다. 오히려 이 지점에서는 거꾸로 모든 디자인 행위를 레이 캐스팅이라고 볼 수도 있다. 만약 그렇다면, 알베르티와

뒤러Dürer의 prince of rays는 디자이너의 게이즈로서의 god ray의 반대방향과 하나가 된다고 볼 수 있다.

소프트웨어의 상호작용성은 게이즈와 함께 시작한다. 게이즈는 모델에 대한 특정한 시각적 접근을 일컫는다. 액소노메트리같은 다른 전통적 투시법과 다르게, 소프트웨어의 '퍼스펙티브 뷰'는 완벽하게 작동하며 접근 가능한 모델-스페이스를 도입하고 있다. 비록 여전히 2차원적인 스크린 평면에 제한되어 있을지라도, 이것은 상호작용에 기반하는 투영이며 공간적 결과물을 고정된 투영 시스템의 제약으로부터 해방시킨다. 사용자는 모델을 움직이거나, 궤도를 돌거나, 또는 확대 축소하면서 공간성에 대하여 모든 측면에서 접근할 수 있게 된다. 평면과 단면은 이러한 접근을 제공하지 않기에 더욱더 제한적이다. 전통적 매체로부터 소프트웨어로의 이동은 평면 조직적 다이어그램에서 입체적 다이어그램으로의 이동하는 것과 같다. 이것은 근원적인 조직과 덜 엄격한 규칙들이 더 유연하게 관계 맺을 가능성을 내포한다.

소프트웨어의 사용으로 인하여, 현대의 건축 활동에서 평면과 단면은 점점 더 디자인 이후에 제작된다. 그리고 사실상 평면만을 기반으로 디자인이 이뤄지는 예는 없다. 소프트웨어가 가능하게 만들어준 모델-스페이스는 다른 종류의 투영 공간을 입체적 다이어그램으로 일축-전환해버린다. 이것은 아주 특정한 공간적 결과물을 발생시킨다. 일례로, 파사드와 평면의 전통적인 관계는 불분명해진다. 또한, 파사드는 입체물을 의도적으로 절단하는 방식이거나, 정말 3차원적으로 무언가를 감싸는 것이 되어버린다. 모델-스페이스에서 생겨난 이러한 통합은, 공간이 직각 투영의 뷰[평, 입, 단]에서 다뤄지며 빚어질 때 가능했던 결과물과는 다른 무언가를 가능하게 한다. 여기서 통합된 방향성을 가지는 성질이 공간의 구성 및 조직에서 기본값이라는 것은 이전의 관념과는 굉장한 거리가 있다. 그러므로 전통적인 직교 기반 공간은 일종의 분열된 공간이라고 볼 수 있다. 그 공간은 하나로 합쳐져야 할 필요성을 갖는데, 바로 이 부분에서 전통적인 실천들이 고유의 방식을 찾게 된다. 여기서 모더니스트의 그리드는 완벽한 예시이다. 이것은 끝없고 각기 동등한 가능성을 지닌 공간으로, 오직 2차원으로만 작동하며, 높이와 관련된 모든 문제에서는 쌓는 방식을 해결책으로 택한다. 프랑크 게리가 디자인한

파리의 *Fondation Louis Vuitton*은 오로지 입체적 다이어그램을 기반으로만 디자인되었다. 평면은 더 이상 무언가를 발생시키지 않는다. 단지 발생될 뿐이다. 이런 이유로, 디서플린의 특정성을 보증하는 것으로 오인되었던 직교 기반의 매체는 거주 공간 living space에 대한 궁극적인 추상으로 전락-변형된다.

그럼에도 여전히, 전통적 매체와 현대적 매체들이 같은 방식의 게이즈를 공유하지 않는다고 하더라도, 이 둘은 공간-모델에 대한 동일한 기반을 가진다. 그것은 바로 그리드이다. 그리고 투영에 기반한 그래픽 절차에 그리드가 늘 있어온 것과 마찬가지로, 모든 모델링 소프트웨어의 기반은 그리드이다. 만약 소프트웨어가 여전히 투영에 기반하고 있다면, 그리드는 이제 게이즈로부터 분리될 것이다. 다시 말해, 투영은 모델-스페이스를 2차원적인 공간으로 제한하지 않으며, 완전한 몰입을 기반으로 완벽하게 작동하고 상호작용하는 투영으로 거듭난다. 그리고 이것은 건축 역사상 처음으로 디자인-스페이스에 시각적으로 '거주'할 수 있는 가능성을 열어준다.

그리드는 역사적으로 몇 단계의 변형을 거쳐왔다. 그리고 이 역사는 소프트웨어에서 압축 혹은 가속화된 모습으로 발견된다. 직교적, 투시적, 그리고 아이소메트릭적 그리드는, 소프트웨어가 제공하는 입체에 기반한 능동적인 그리드로 대체되어왔다. 초창기 2차원 캐드에서의 전통적 그리드로부터, 다양한 조소와 절차 기반의 소프트웨어가 갖는 현대의 고해상도(또는 high-poly) 그리드까지, 디자인은 오브젝트에 의한 디자인이 아니고 그리드에 의한, 그리드 안에서의, 그리드 위에서의 디자인이었다. 소프트웨어에서 디자인된 모든 모델은 그리드이다. 그것은 메쉬나 넙스, 낮거나 높은 해상도 또는 균일하거나 변형된 것에서의 그리드이다. 그리고 모든 모델은 유비쿼터스 '그라운드 그리드'라는 또 다른 방식의 그리드 상에서 표현이 가능하다.

그라운드 그리드와 가든

아마도 그라운드 그리드의 역사는, 모더니스트 그리드를 직접적으로 계승한 것일 뿐만 아니라 르네상스로부터 비롯되어 왔다는 점으로 인해 더욱더 흥미롭다. 그래서 이는 그리드로서의 그라운드는 소위 1481년의

*Prevedari engraving*에서 처음으로 발견된다. 이것은 *Interior of a Temple with Figures*로 이름지어졌고 도나토 브라만테 Donato Bramante 이후에 베르난디노 프레베다리 Bernandino Prevedari가 만들었다. 이것과 이것의 변형들은 항상 이상적인 장소를 묘사하는 곳에서 발견된다. 예를 들면, 라파엘의 *The Marriage of The Virgin*이 여기에 해당한다. 이러한 장소들은 절대로 단순한 풍경이 아니라 도시풍의 세련된 분위기의 시초라 볼 수 있다. 그렇지만, 이들은 이상적인 자연의 분위기를 가져가고 있긴 하다. 그래서 이는 길들여진 거주공간으로서의 자연과 개화된 도시주거와의 완벽한 균형을 보여준다. 이것은 반대되는 것 사이에서의 절충 혹은 조화로움에 대한 것으로 볼 수 있다. 이것은 훌륭한 유토피아에 대한 신호이다. 이러한 힘을 바탕으로 이것이 모더니티로 돌아오는 것은 조금도 이상하지 않다. 그래서 그리드가 20세기 건축에서 떼려야 뗄 수 없는 존재, 혹은 떠나지 않는 유령처럼 존재했던 것이다. 이러한 맥락에서, 해체주의는 아이소프로픽 그리드에 대한 저항으로서 아주 주요한 운동이었다. 해체주의는, 소위 새롭고 특권 없는 주관성을 불러일으킬 것이라는 바람에서 분열되거나 깨진 그리드를 자신들의 주요한 특징으로 삼았다.

평평한 그리드는 어디에나 있는 아주 흔한 것이 되었다. 영화 '트론'의 1982년 버전과 2010년 버전에서 보이듯, 평평한 그리드의 가장 최근의 반복은 디지털 체제에 대한 대중적인 묘사와 다르지 않다. 그러나 정확하게는 3D 디자인 소프트웨어에서 그리드는 더욱 중요해진다. 디지털 이미지는 궁극적으로 다른 그리드에게 공간을 제공하는 끝없는 그리드의 이미지이다. 그것은 어디에나 있고 전지적 시점을 지닌 디자이너를 통해 조종될 것이다. 최근에, 다른 종류의 비유인 '클라우드'가 '디지털 체제'를 대표하는 것은 이러한 인위적인 것들로부터 탈출하기 위한 시도로 볼 수 있다. 그러나, 이는 아마도 두 가지의 다른 이상적 이미지들이 붕괴된 것이다. 그리고 어쩌면, 이것은 자연과 인공의 완벽한 통합일 것이다. 그리고 그 세계는 끝없을 것이며, 반사되는 그리드가 구름이 떠있는 하늘을 반사시키고 있을 것이다.

이러한 지점에서 행성적 스케일의 컴퓨테이션의 도래에 대한 뒤늦은 깨달음을 놓고 보면, 슈퍼스튜디오의 1972년 작 *Supersurface*는 끝없이 아이소트로픽 그리드를 전 세계적으로 투영하는 지점으로 인해 한때는 관념적이고 모순적인 유토피아로 이해되었지만, 실제로 이것은 21세기에 대한 가장 사실적인 프로젝트라고 볼 수 있다. 만약 이 프로젝트가 정말로 유토피아에 대한 표상이었다면, 여기서의 그리드는 아마 다른 곳에서 기원하였을지도 모른다. 그것은 모든 유토피아 프로그램이 하나로 집중되는 것으로서의 건축적 유형학을 제시한다. 그것은 바로 가든이다. 그리드는 가든 자체에서 기원하는 것으로 볼 수 있다. 일례로 hortus contemplationis는 둘러 막힌 가든의 한 유형인데 대지 평면의 배치가 기하학적 경계를 만든다. 역사적으로, 둘러 막힌 형식으로서의 가든은 그리스 스토아부터 모더니스트의 오픈 가든까지 몇 차례의 변형을 겪어왔다.[16] 이러한 변형들은 그리드의 확장과 조절로 이해될 수 있다. 정확하게는, 유토피아 프로그램과 가든의 역사적 변형들에서 우리는 '가로를 지향하며 정렬된 이상향'으로서의 그리드를 확인할 수 있다. 그리고 여기서 자연과 인공 세계는 평화롭게 공존하고, 모든 오브젝트의 등장은 동등하게 중요할 것이다.

2015년 8월에 오토데스크는 새로운 소프트웨어 패키지를 시연하였다. 이것은 건축가들이 건물이 실제로 지어지기 전에 그 공간에 최종적으로 거주할 수 있도록 해준다. 이것은 Stingray라 불리며, 실제로는 기존의 Unity나 Unreal과 같은 게임엔진이다. Stingray는, 정확히 이러한 3D 어플리케이션들처럼, 그리드가 적용된 대지를 차용하며 게이즈를 가능하게 한다. 이것은 아직 아주 특별한 것이긴 하나, 이것의 기본 시점은 첫 번째 사람으로부터 관찰되는, 끝없는 구름의 하늘로 둘러싸인, 그리고 끝없이 걸어 다닐 수 있는 그리드이다.

Superstudio (A. Natalini, C. Toraldo di Francia, T. Magris, G. P. Frassinelli, A. Magris, A. Poli), detail from *Life-Supersurface (Fruits & Wine)*, 1972. © MAXXI Museo nazionale delle arti del XXI secolo, Rome. MAXXI Architettura Collection

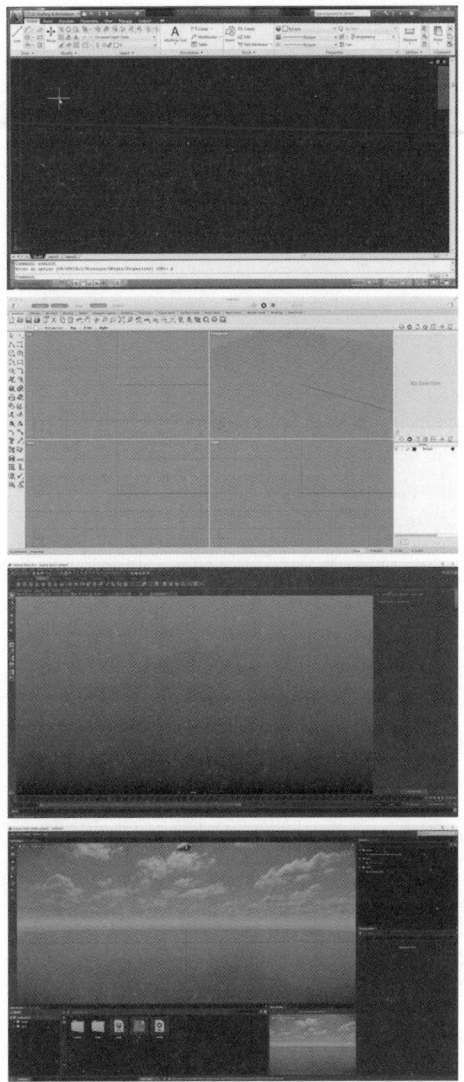

The evolution towards inhabitation of software grids: Autodesk Autocad, McNeel Rhino 3D, Autodesk Maya and Stingray.

Bernardo deí Prevedari, engraving of a drawing by Donato Bramante, *Interior of a Temple with Figures*, also called *iIncisione Prevedariî*, 1481.
© TheTrustees of the British Museum

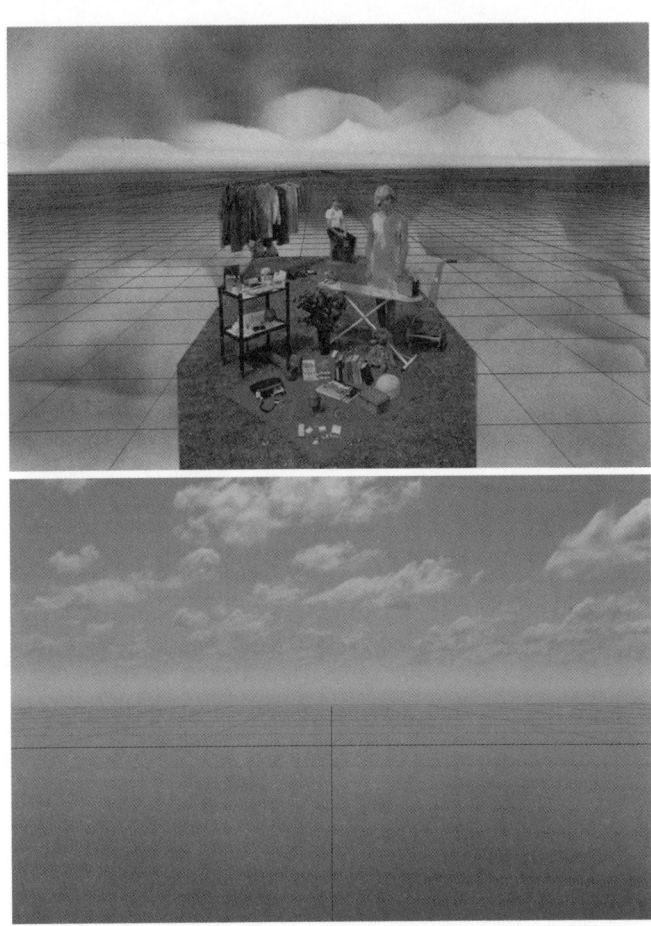

→ Superstudio, detail from *Life-Supersurface (Fruits & Wine)*, 1972.
© MAXXI Museo nazionale delle arti del XXI secolo, Rome.
MAXXI Architettura Collection
→→ Autodesk Stingray, default interface view, 2015.

The Garden in the Machine: a Story of Architectural Mediums

Damjan Jovanovic

This text in English was originally published in *SAC Journal 3: Garden State-Cinematic Space and Choreographic Time* (October 2016). *SAC Journal* is an academic journal published by Städelschule Architecture Class. The copyright of the text is to Damjan Jovanovic.

"Media determine our situation." — Friedrich Kittler[1]

The garden is the ultimate utopian concept. Far from being merely an impulse towards harmonising nature and culture, it seeks to erase the dichotomy altogether: it postulates calm, orderly serenity of living in a controlled nature. The garden offers total sensory immersion intermixed with the intellectual pleasure of inhabiting a well ordered ground plane. We can have both: the garden is the fiction emanating from the desire to harmonise order and pleasure. Historically, the advent of technology was thought to impede on and destroy the natural world. In the second part of the 20th century humanity became so immersed in technology, that it became necessary to rethink this idea. A profound shift happened and we started conceptualising the technology *as* nature. Early cybernetic culture, with its unbound optimism, postulated that technology will fulfil the promise of the garden: there will come the time of calm technology, when we will be 'all watched over by the machines of loving grace.'[2] But it was not until the advent of the personal computer and the Internet that the full implications of this shift became visible. Software, rather than hardware, became a new utopian paradigm, engendering new political ideas revolving around sharing and free information flow.

When it is not invisible, hardware alienates, and in the age of 'planetary scale computation,'[3] it is software that engenders all sensorial effects. Architecture, for example, occupies a paradoxical position of being inherently about hardware, yet having its conditions produced exclusively in software. The idea of *design* belongs to software. An interesting development: a century ago Le Corbusier proposed a new architecture where people inhabit machines for living inserted into endless gardens; instead, we are all inhabiting the garden in the machine.

The Albertian paradigm of architecture as an allographic[4] practice implies that architectural design comprises of forms of notation and representation. It would seem that mediums[5] is all that architects engage with. Architecture is primarily a cultural, visual practice that operates through design, understood as composition, the arrangement of relations. While architects work with drawings and models, they primarily produce images. With the advent of the digital, according to media scholar Lev Manovich, other media (print, photography, radio, film …) have been collapsed and integrated into *software* as a meta-medium; in almost all areas of contemporary life, software takes command.[6] According to Marshall McLuhan, when a new medium appears and before it inevitably supersedes the preceding one, it does its best to simulate it. Hence, when cinema emerged in the late 19th century, its formal vocabulary was that of the theatre until it discovered its own medium specificity—montage and movable camera.[7] Importantly, a change comes to the old medium as well. For example, with the introduction of photography, painting was introduced to a new specificity in the form of abstraction.

What happens when a medium contains all other mediums? Everything changes, yet the issue of software's specificity is rarely addressed. In response, Clement Greenberg's notion of medium specificity can be reintroduced with regard to the problem of architectural design understood as a software practice. The question becomes: what is it that software can do, that no other medium can?

Firstly, it is important to make a distinction between the conditions *for* and the effects *of* mediums. In the case of cinema, the technical conditions of the medium involve employing a number of discrete units (images) to create an illusion of movement as an effect. The fact that film operates with discrete units does not prevent its effect from being perceived as continuous. The same goes for software. Its dependence on hardware that currently operates in binary states (since we still do not have quantum computers), tells us nothing of the vast field of sensorial effects that it engenders. Similarly, abstract data, infinities and random values may be at the core of computation, but computation only becomes available as a problem in design methodology once its conditions and effects are coded in such a way so as to be readable. This is where questions of code and its relation to language in general come to the fore. Yet, coding as a practice and code in general, its apparent similarity to writing notwithstanding, does not immediately lend itself to any kind of aesthetic analysis. Coding depends on the axiomatic, mathematical model and belongs to a different semiology. Only when the outcomes of code become visible as something else than code, does software (and computation) become interesting for design. The crucial question is how these outcomes become visible, and under what circumstances this visibility operates?

Algorithms and Interfaces

Algorithms form the core of software's medium specificity, and they produce crucial effects, like interactivity. The discussion on the nature of algorithms in relation to architecture becomes possible only when algorithms become visible, that is, only when an *interface* is involved. This is precisely why the computational question in architecture should never be equated with its numerical basis, i.e. the *quantities,* but with how these quantities firstly become manifest optically and then as visual and semiological *qualities.* Code is the basic interface, and yet, architectural design is a visual, cultural practice defined by its focus on compositional issues. Design procedures in the digital age are computational inasmuch as they depend on functions of language as code, and code as a representation of space in the forms of design software. In other words, the conditions of a medium become important only when a question of composition comes to the fore, and only if the conditions themselves can be shown as being composed and composing.

For instance, there is no point in looking into the chemical processes of film in order to understand the film's meaning, yet the film stock properties leave a definitive imprint on the composition of an image and already work towards an image composition before there is any post-production. To avoid the pitfalls and obfuscation stemming from confusing a visual, cultural practice such as architecture with a scientific practice such as chemistry, a simple rule can be applied: if a procedure is not available for forms of reading in relation to composition (here understood in the broadest sense as the act of combining parts to form a whole), it is not relevant. As with any medium, in the case of design software there exist conditions that operate as composers of space well before any input from the user. Hence, what does software, understood in these terms, mean for architecture?

Architects work in software on a daily basis, yet they overlook the specificity of software as a core component of their design process. They simply regard software as a passive medium, not unlike paper. However, if software has its own medium specificity, then its compositional autonomy always already affects and informs the models. In consequence it becomes crucial to pose questions regarding the nature of these virtual (digital or algorithmic) objects and their relationship with the reality into which they eventually are introduced. This remains, however, a largely unexplored problem in design as the discipline still very much relies on treating the digital as a mere shadow copy and passive template of the real or the projected architectural conjecture, with no specificity of its own.

Architecture relies on its traditional modes of representation for design which mostly comprise of various projection-based imagery, either orthographic or perspectival. As a concept, projection lies at the core of architectural design and continues to do so with software as well. Yet, software introduces other modes of projection, of which active projection is by far the most important one since it enables interactivity. Every projection is coupled with a *gaze,* and every projection operates on *grids,* which are the primary design objects. More importantly, the algorithmic nature of software enables the population of these projections with new and unforeseen *grids.* Principally, a grid is any digital object that has become visible as an interface. In this sense, any projection is always already compositional, and in turn, always already political. Hence, the true value of software in architecture is that it constructs new modes of projection and new modes of vision, as well as that it enables new models of grids.

Yet another paradox of architecture is manifest here: in a world saturated by active media, architectural design remains invested in championing ancient, static and passive representational paradigms as being crucial to the preservation of the discipline, while simultaneously being, as every other cultural discipline is, fully dependent on software.

Because of this unreadiness to fully embrace the implications of (inter)active media and the software specificity embedded in the design process, architectural space remains abstract and low resolution. The 'notational bottleneck' as described by Carpo,[8] may also operate on this level. The discipline is deeply invested in its historically established mediums and this might lead to confusing these with its disciplinary specificity. Whenever an occasion arises to think about software, it is inevitably reduced to a simulation of an older medium,[9] as if there is no other choice.

The introduction of the so-called generative or parametric modelling practices is perhaps the first attempt to acknowledge this new spatiality on its own terms. Meanwhile, parametricism and its derivatives have fully succumbed to the fallacy of naively confusing the cultural practice of architecture and its design method with the general scientific method. It is unfortunate that this is usually what the term 'research' has come to mean in architecture. Parametricism often confuses architectural design processes with the simulation of natural processes, symptomatically testified by the overabundance of biological metaphors and biomimetic techniques in these practices. The overuse of particular algorithms in parametricism—Voronoi, circular packing, L-systems, reaction-diffusion, etc.—witnesses this. These algorithms are all abstractions of *performative* natural phenomena, and their simulation in software is supposed to somehow guarantee the fitness of an architectural model. Crucially, this 'fitness license' is granted not on the basis of a structural performativity of the algorithmic model, which would also be problematic yet understandable. It goes further: somehow this 'fitness' is supposed to have a precedence even when it comes to the question of meaning in architecture.

The associated discourse on these topics steers the discussion about the role of software into another dead end. Software is reduced to an optimisation tool and computational design is equated with simulating the material forces in the traditions of form finding. The ultimate consequence is the flattening of the cultural discipline of architecture into a positivist, goal-oriented quasi-scientific practice. Yet, the most worrying outcomes of the parametric agenda, other than its insistence on the tiring formal language of biomimetics and morphogenesis, are the blind and naive reproduction and embedding of forces of cybernetic control into design of spaces. This ultimately establishes a very bleak, technocratic and totalitarian political horizon.

Of all the sub-mediums architects usually work with, only renderings convey a degree of complexity in terms of ambiance, mood and atmosphere. Architects are content in making only the necessary documents that their discipline demands, thus leaving the whole world of new, virtual and interactive spatiality to others. The enormous size, complexity, richness and attention to detail of some contemporary computer game worlds exemplify what this new spatiality can be. The overwhelming feeling of immersion and saturation within these worlds is the result of spatial design. Hence, as far as design methodology is concerned, architects may have as much to learn from computer game and software designers as from the histories of architecture or the vast majority of contemporary practices. Yet, it is not only that the architectural discipline will find itself in an era where humanity will inhabit and experience artificial worlds in a way not at all different from how it experiences 'real life,' but the very conditions in which the new architectural additions to 'real life' are being produced, organised and disseminated are already completely set in the virtuality of digital and algorithmic worlds.

The dominance of design software packages that come out of the legacy of Computer Aided Design maintains traditional architectural design methodology and ensures the endless reproduction of traditional design notations and their elements, some of which have already become almost obsolete (scale, for example). The latest iteration of the CAD paradigm is BIM,[10] which may yet prove to be the greatest threat to the discipline as a design practice since the BIM paradigm is principally about project management rather than design. It is no wonder then, that the most interesting design work today comes from the use of exotic and custom made software or software whose original area of application is not architecture: Maya, ZBrush, Softimage, Houdini, Unity—or directly from programming languages like Processing.

Hence, the role of software in architecture has been largely misunderstood: firstly, by disregarding software specificity and focusing on simulations of the traditional design medium in software in an attempt to preserve the discipline as it was historically and out of necessity defined; secondly, by amplifying the incidental and non-disciplinary effects of software, through using it as a tool for simulation of natural processes. What is needed is a radical embrace of software specificity understood as a new *visuality*[11]—that is, a radically new *vision system* for architecture, and as a new ground for *architectural fictions.*[12]

A Speculative History of Design Media
Historically, the medium specificity of paper was given by its flatness and expendable nature which provided perfect conditions for the rise of very specific architectural

sub-mediums: orthographic projection-based plans, sections, elevations, perspectives, iso- and axonometric drawings. Since Alberti, architects have dealt with forms of representation without having to worry whether or not representations will take command and trounce 'reality.' Architects use software principally as a simulation tool, which is particularly apparent in the practice of rendering. Rendering is simply perspectival drawing made on a computer. Insofar as Alberti was right in saying that architects do not build but make representations of buildings, renders can be seen as the key product of an architectural practice. Renders are images that trace their lineage to the rules of perspective and come out of the long tradition of mimetic representation that characterised pre-modern painting. They are the perfect example of a purely software-based phenomenon used and regarded as if it has nothing to do with software.

The contemporary layer-based digital image making (which is the basis of software like Photoshop) forms the basis of architectural representations today, and yet, even when it draws lessons from 20th century cinematography, by design it remains locked firmly in the tradition of passive representation, that of a photo collage. Renders are expected to be nothing more than idealised images of a new architectural reality; they come with their own vocabulary and tropes (balloons, children, vegetation on roofs, cherry blossom trees …). When, in rare cases, an office uses a video presentation of its architecture, this still retains the passivity of an image. The use of a VR platform[13] allows the clients the joy of inhabitation where the 'body' of a possible architecture participates through telepresence. Although virtual reality might eventually replace renders as primary means of representation of an architectural space, it will change architecture as a discipline only if a similar environment becomes available as a *design* medium as well.

The chronic delay of fabrication and building technologies in comparison to design technologies, presents an incredible bottleneck for the discipline. The paradox is in the fact that architects do not build yet are obsessed with the imperative of buildability. The Albertian ideal of an architect as a pure maker of spatial ideas will be fully actuated when this paradox is resolved through the flattening of design space with the real space, either by 3D printing or the 'utility fog'[14] or a similar idea.

The Gaze and the Grid

Spatial visual media can be analysed based on two concepts which both have to do with projections: the *Gaze* and the *Grid*. The gaze is our visual access to the model space, which in turn depends on projection. The gaze is never objective, far from disinterested and always intentional.

Traditionally, the need for notating the space for the purpose of preserving the design intention as well as information for building construction has ensured that orthographic projections rule the architectural design process. This implies that there is such a thing as an *orthographic gaze* as well as a *perspectival gaze*. As any other tool, orthographic projections are not devoid of aesthetic and political implications. They produce very specific spatial outcomes as they depend on a very specific set of presumptions. Historically, the architectural discipline has been identified with a special skill set that relies heavily on planar thinking. The word *plan* testifies to this; it has both the meaning of a plan and planning. To plan in architecture is to partake in a political practice enabled by the medium of a plan. More specifically, this political practice is engendered by the gaze that this medium affords. This gaze can generically be identified as a top view, in case of plans, and as a side view, in cases of sections and elevations. A top view implies the idea of total control of the model space and is particularly good at enabling any idea that has to do with a central hierarchy and centralised political authority—exemplified by Roman city planning (Cardo and Decumanus), centrally planned temples, the ideal villa of Palladio, the nine square and the four square grids. Here symmetry is particularly important since it is producible exclusively in the planar mode. The *ground* is another important notion: in the planar top view, the ground becomes abstracted into a background (which is the original meaning of 'ground' in a figure-ground problem in perception), and this becomes clear with the introduction of the Nolli map. In sections and elevations another kind of relationship becomes apparent: the hierarchical dependence on the ground datum. In other words, the disciplinary problem of the figure-ground relationship is twofold since it originates both in the top and side views but has different implications in each.

The role of orthographic representations is to ensure the preservation of dimensions, but an unseen consequence is that they impose the flat organisational and compositional principles on the model space, thus saturating the outcomes with abstraction.

Perspectives are a different concept as they are usually made after the fact of design to add atmosphere and an illusion of life. Perspectival projection hints at the idea of subjective space where the vanishing point is inverted into the eye of the observer.

One of its effects is that it enables a specific reading of a picture plane. It not only organises the space but reorganises the observer as well and engenders a specific form of relationship between the two that can be conceptualised as *entanglement*. The notion of gaze arises in the form of a mutual gaze facilitated through an abstract *grid* diagram. There is evidence that perspectival projection has been used as a design tool as well, for example in the Renaissance,[15] but perspectives have historically been understood as 'too subjective' and, more importantly, imprecise to be used as design tools. Modernism introduced parallel-projection based representations as an assumed *objective* mode of looking at the model space. The gaze embedded in parallel projection promoted another variant of the totalising, 'god mode' look that preserved the dimensions of the plan while simulating three-dimensionality.

It follows that the compositional problems in architecture are inescapably governed by the mediums: planar and volumetric representations. These are not merely representations in the usual sense of the words, they are themselves projective systems, systems that generate a spatial outcome instead of just recording one. This relationship is an interesting inversion of the Renaissance invention of drawing as ray casting; it could be said that any act of design is ray casting in reverse. If so, Alberti's and Dürer's 'prince of rays' has been conflated with a reverse-direction 'god ray' of the designer's gaze.

Interactivity in software starts with the gaze, in other words, with a specific visual access to the model. Unlike traditional perspective or axonometry, the software 'perspective view' imposes a fully actuated, fully accessible model space. Though still restricted to the two-dimensional plane of a screen, it is an interactive projection that liberates spatial outcomes from the constraints of fixed projection systems. The user can move and orbit around, zoom in and out of the model space and thus gain access to every aspect of its spatiality. Plans and sections are restrictive because they do not afford this access. The move to software is a move from the flat organisational diagram into a volumetric diagram. This implies a more fluid relationship with the underlying organisation and a less rigid set of rules.

In contemporary practice and due to the use of

software, plans and sections are increasingly made after the design, and practically no design is ever done only from a plan. The model space enabled by software collapses the different projection spaces into a volumetric diagram. This engenders very specific spatial outcomes, for example, the traditional relationship between the plan and the facade becomes obscured and the facade becomes either an intentional cut through the volume or is literally a three-dimensional envelope. This unification of model space enables a different outcome than what was possible in a time when space was modelled in separate orthographic views. For one, it does away with the idea that uni-directionality is a compositional and organisational default. The traditional, orthographic space can thus be described as a dis-associated, fragmented space that had to be *stitched* together, and it is precisely in this stitching that the traditional practice found its modus operandi. The modernist grid is a perfect example: an endless, equal potential space that only actually functions in two-dimensions and makes stacking a solution to every height problem. The *Fondation Louis Vuitton* in Paris by Frank Gehry is a building that has been designed solely on the basis of a volumetric diagram. The plan is no longer a generator; it is merely generated. Hence, orthographic mediums are exposed as ultimate abstractions of living space that have become misidentified as guarantors for disciplinary specificity.

Still, when the traditional and contemporary mediums do not share the same type of gaze anymore, they have a common base for their spatial models: the grid. The base of every modelling software is the grid, just as it has always been for any graphic procedure based on projection. If software is still dependent on projection, its grid is now separated from the gaze. In other words, the projection is interactive and does not restrict the model space to a two-dimensional space but engenders a fully actuated, interactive projection of total immersion. This means that for the first time in the history of architecture, there is a possibility of visually inhabiting a design space.

Historically, the grid has undergone a series of transformations, and this history can be found in software in a compressed and accelerated version. The orthographic, perspectival and isometric grids have been replaced by the active and volumetric grids of software. From the traditional grids of early 2D CAD packages, to the contemporary high-resolution (aka high-poly) grids of various sculpting and procedural-based software, design is not the design of objects, but of grids, in grids and on grids. Any model designed in software is a grid: a mesh or NURBS based, low- or high-resolution, uniform or deformed grid. And every model is instantiated on another grid, the ubiquitous *ground grid.*

The Ground Grid and the Garden

Perhaps the history of ground grids is the most interesting one as these grids come not only as direct successors of the modernist grid, but have been present at least since the Renaissance. This ground as flat grid is first to be found in the so-called *Prevedari engraving* of 1481, made by Bernandino Prevedari after Donato Bramante and named *Interior of a Temple with Figures.* It, or its variations, are always found in the depictions of ideal places, such as in Raphael's *The Marriage of The Virgin.* These places are never simple landscapes; they are the originators of urbanity, yet they always have an atmosphere of an ideal nature. A flat grid indicates a perfect balance between tamed, lived-in nature and enlightened city dwelling—a negotiation between opposites and a sign of harmony. It is an utopian sign par excellence, and it is no wonder that it comes back in Modernity with such force. It is this inescapability of the grid that has haunted architecture in the late 20th century. In this sense, deconstruction was primarily a move against the isotropic grid, featuring instead fractured, broken grids supposed to engender new, non-privileged subjectivities.

The flat grid has since become ubiquitous, its latest iterations being equated with popular depictions of the digital realm, such as the one found in the film *Tron* of 1982 and 2010. However, it is precisely in 3D design software that the grid finally takes over. Ultimately, the image of the digital is the image of an endless grid accommodating other grids, manipulated by an omniscient and omnipresent designer. In recent years, another metaphor, that of a *cloud,* has come to represent the 'digital regime,' almost as an attempted escape from this perceived artificiality. Yet, maybe it is that these two ideal images are collapsed: it is as if somehow, in a perfect union between the natural and artificial, the world has become an endless, reflective grid mirroring the clouded sky above.

In this sense, and in hindsight of witnessing the rise of planetary-scale computation, Superstudio's *Supersurface* of 1972, a project that has been understood as a conceptual, ironic utopia which projects an endless, isotropic grid taking over the world, can now be actually read as the realist project for the 21st century. If this project was indeed envisioned as a utopia to end all utopias, then its grid might also have another origin, one that presents an architectural typology in which all utopian programmes converge: the garden. The grid can be found in one of the origins of the garden itself: *hortus contemplationis,* a type of enclosed garden where ordering the ground plane creates geometrical demarcations. Through history the enclosed garden type undergoes a series of transformations, from the Greek stoa to the modernist open garden.[16] These transformations can be read as expansions and modulations of the grid. It is precisely in the utopian programme and historical transformations of the garden that one can discover the grid as an ideal of ordered horizontality, where the natural and the artificial worlds peacefully coexist, and where all objects emerge as equally important.

In August 2015, Autodesk presented a new software package that will allow architects to finally inhabit the spaces before they are actually built. Named *Stingray,* the software is actually a game engine, in the tradition of Unity and Unreal. Exactly like those 3D applications as well as others, *Stingray* employs a grid as a ground and affords a gaze, yet this time a very specific one. Its default view is that of an endless, walkable grid, observed from first person, enclosed by an endless, clouded sky.

1   Friedrich Kittler, *Gramophone, Film, Typewriter* (Palo Alto: Stanford University Press, 1999).
2   Richard Brautigan, *All Watched Over by the Machines of Loving Grace* (Communication Company, 1967).
3   Benjamin H. Bratton, *The Stack: On Software and Sovereignty* (Cambridge, Massachusetts: The MIT Press, 2015), 3.
4   Mario Carpo, *The Alphabet and the Algorithm* (Cambridge, Massachusetts: The MIT Press, 2011).
5   'Media' and 'mediums' are optional terms. Here 'mediums' is used to ensure difference from broadcasting.
6   Lev Manovich, *Software Takes Command* (London: Bloomsbury, 2013).
7   'A new medium is never an addition to an old one, nor does it leave the old one in peace. It never ceases to oppress the older media until it finds new shapes and positions for them.' Eric McLuhan and Frank Zingrone, ed., *Essential Mcluhan* (London: Routledge 1997), 278.
8   The notion of a 'notational bottleneck' implies that one can build only that which one can notate through drawing. See Mario Carpo, *The Alphabet and the Algorithm* (Cambridge, Massachusetts: The MIT Press, 2011), 28.
9   'New media are new archetypes, at first disguised as degradations of older media,' *Arts in society*, vol. 3 (1964), 240.
10 Building Information Modelling (BIM) is a process involving the generation and management of digital representations of physical and functional characteristics of places. https://de.wikipedia.org/wiki/Building_Information_Modeling
11 The effects—software as an aesthetic regime in and of itself, the digital leaking into the real.
12 Vision as politicised perception, understood as access to the model space, i.e. the gaze; The notion of formats—a project or a building becomes just one format in a flat ontology of formats, where software is the medium. See David Joselit, *After Art* (Princeton, NJ: Princeton University Press, 2012), 55.
13 For example, Oculus Rift.
14 'Utility fog' (coined by Dr. John Storrs Hall in 1993) is a hypothetical collection of tiny robots that can replicate a physical structure. As such, it is a form of self-reconfiguring

	modular robotics. https://en.wikipedia.org/wiki/Utility_fog
15	See for example, Erwin Panofsky, *Perspective as Symbolic Form* (Cambridge, Massachusetts: The MIT Press, Zone Books, 1996).
16	Rob Aben and Saskia de Wit, *The Enclosed Garden* (Rotterdam: 010 Publishers, 1999).

가상-건축
Fabulated Reality
AAPK

건축은 빌딩에 관한 것이 아니다. 건축은 르네상스 이후에 본격적으로 탄생한 분야이다. 여기서 건축가는 건물을 짓는 사람과 구분되어 건물에 대한 드로잉을 그리는 사람으로 정의되었다. 이에 따라 짓는 행위는 건축의 부차적 관심사가 되었다. 대신 건축은 관념 속의 리얼리티를 실체적인 이미지로 구현하는 역할을 담당해왔다. 이것은 주로 형태와 공간에 관한 것이었다. 그런데 리얼리티는 시대적 환경에 따라 인위적으로 형성되는 가치 체계로 존재한다. 진짜라고 믿어지는 대부분의 추상적 관념들이 실제로는 '만들어진 가상'인 것이다. 이를 건축에 빗대어 보면, 건축에서 진짜처럼 다뤄져 온 수많은 건축적 관념들 또한 시대에 따라 빚어진 허구적 믿음의 집합이다. 이로 인해 건축은 그 속성이 가상이면서 동시에 실제로서 존재하며, 건축 행위는 근본적으로 허구적 가상과 실체 사이를 끊임없이 오가는 긴장 관계에 놓이게 된다. 이와 함께 건축은 동시대의 리얼리티를 만듦과 동시에 이에 구속된다.

한편으로 건축은 매체에 종속된다. 왜냐하면, 건축 행위는 투영과 매개의 연속으로 이루어지는데, 각 매체의 특질은 투영의 과정에서 고유의 굴절을 만들어내기 때문이다. 일례로 건축의 원관념은 인간에서 드로잉으로, 다시 드로잉에서 건축물로 일련의 투영되는 과정을 거친다. 이때 인간, 드로잉 그리고 건축물은 별개의 매체로서 그 속성에 따라 각각 고유의 굴절을 만든다. 여기서 드로잉은 건축적 아이디어가 투영된 '표상'이다. 드로잉이 건축의 중심 행위가 되는 것은 표상 자체가 건축의 주된 관심사가 됨을 의미한다. 이 표상 의지는 매체로서의 드로잉이 갖는 속성 안에 갇힌다. 이와 같은 관계는 모든 매체 속에서 똑같이 발생한다. 즉, 건축은 표상의 의지와 매체의 특성이 만든 긴장 관계가 빚어낸 결과물이다. 이를 종합하면, 시대가 만드는 리얼리티 그리고 매체의 속성은 건축 행위의 결과와 상상력의 범위를 결정한다. 따라서 건축의 매 시대적 과제는 당대의 리얼리티와 매체의 속성 사이를 파고드는 일이 된다.

오늘날 건축에서 가장 뜨거운 매체는 이미지와 가상 현실이다. 오늘날 우리는 진위 여부를 알 수 없는 이미지로 포화된 세상을 살고 있다. 이미지는 특정 영역을 공간에서 따로 분리하여 압착-박제하는 과정을 통해 공간과 시간을 포함한 모든 물리적인 맥락을 소거하고 평면화를 조장한다. 그리고 사람들은 이미지를 흡수함으로써 자신을 둘러싼 환경을 인지한다. 따라서 오늘날 인간이 공간을 경험하는 일은 흡수한 이미지를 재구성하는 일로 치환된다. 그리고 이미지는 기존의 물질적 현실을 닮았지만 이와는 차이를 띠는 별도의 리얼리티를 구축한다. 즉, 이미지는 본래 무언가의 표상이었으나 이제는 그 자체로 실체가 된 것이다. 이로 인해 절대적이었던 과거의 리얼리티는 다원화된다. 이는 전통 건축에서 분명했던 표상과 실체 사이의 관계를 무너뜨린다. 이렇듯 오늘날 이미지의 특성으로 인해 표상이 허구임에도 동시에 실제가 되는 것은, 건축이 가상이지만 동시에 실재하는 속성과 이어진다. 이 와중에 가상 현실은 둘러쌈과 몰입을 통해 기존의 이미지가 갖던 실체성을 더욱 구체화시킨다. 이미지-버추얼 리얼리티가 구체화될수록 이것과 기존의 물리적 리얼리티와의 간극은 더욱 커진다. 이로써 건축은 다양한 리얼리티 사이의 긴장 관계에서 비롯되는 틈새의 시공간을 파고들게 된다. AAPK의 프로젝트는 이러한 맥락에서 새로운 건축적 공간에 대한 포착을 시도한다.

Architecture is not a byword for a building. Architecture, as a discipline, was born at the dawning of the Renaissance. An architect was defined as one who produced drawings of buildings, which were then erected by builders. This separation of tasks turned construction into a minor concern for architects, whose primary role became the creation of new realities through images and designs of form and space. However, reality itself throughout history has been an artificial construct based on a value system influenced by the social, economic and political conditions of each era. Much of what we believe to be real is a virtual fabrication or an abstraction. When it comes to architecture, many of the architectural ideas we thought of as authentic and grounded in reality were also formed by a collage of fictional beliefs that responded to the unique conditions of each historical era. Therefore, architecture exists in the realm of the actual while simultaneously maintaining a parallel virtual existence. The practice of architecture is essentially located in this tension between the virtual and actual, forming the overall reality of a particular era while also remaining constrained by that reality.

On the other hand, architecture is confined to its given medium, comprised of a series of projections and mediations. The specificity of each medium begets its own specific distortions. Following this logic, an architectural idea is projected from a human onto a drawing and from a drawing onto a physical building. Throughout this process, the human, drawing, and physical building, each a medium in its own right, create their own distortions. Of these mediums, drawing, typically employed by architects, is a means of representation through which the architectural idea is conveyed, and representation is of course of major significance to architecture. However, the architect's efforts and intentions in representation are restricted by the specific characteristics of drawing, as with all kinds of media. In this sense, architecture is the result of a tension between the aims of representation and the specificity of the medium. Therefore, architectural outcomes and their possibilities are governed by two factors: the specific reality of a given era and the specificity of particular mediums. Both are fundamental to investigation and speculation in architecture.

Today, the most prominent mediums are the image and Virtual Reality. We live in a world saturated by images, in which authenticity is constantly questioned due to blurred boundaries between the real and not real. Images tend to flatten all physical contexts, including space and time, through the process of division, collapse, and preservation of selected elements in the space. And in the consumption of these images we perceive our surroundings. Therefore, the way we experience physical space these days is characterised by the relentless reconstruction of beguiling imagery. These images mimic our physical reality and yet create their own distinct reality. In other words, images, that were once mere representations, now constitute a reality in and of themselves. Thus, the absolute singular reality of the past has been pluralised to exist as multiple realities.

This also collapses the relationship between representation and the actual; a relationship that was thought to be obvious in conventional architecture. The idea of representation through images promoting both the fictional and the real leads to an allied understanding of architecture as comprised of both the virtual and real. Virtual Reality, through the immersion it provides, enhances the actuality of an image. As this enhancement is made manifest, the gap between virtual reality and physical reality widens further. At this point, architecture explores the new spatiality triggered by tensions between plural, diverse realities. Here, based on a shared view of architecture, AAPK captures these unprecedented architectural spaces through the works that follow.

Real-Time Chamber
고수영

건축 디서플린에서 드로잉, 사진, 디지털 이미지, 모형, 그리고 건물은 건축적 아이디어를 담는 가상의 컨테이너이다. 역사적으로 이 매체들은 서로 긴밀하게 연결되어 문화의 기억을 담는 방식으로 발전해왔다. 하지만 여기서 디지털 이미지는 다른 표상들과는 비교할 수 없는 특별한 성질을 갖는다. 이와 관련하여, MILLIØNS Architecture의 창립자이자 Harvard MDes의 공동 디렉터인 존 메이John J. May의 두 개의 글 — *Everything is an Already Image* 그리고 *A Conversation between John Harwood and John J. May*[1] — 은 매체에 대한 존재론적 관점을 바탕으로 디지털 이미지를 새로운 관점에서 이해하는 방식을 제안한다. 존 메이는 디지털 이미징 과정을 거치는 프레젠테이션 또는 시뮬레이션은 다른 건축적 매체들과 존재 방식이 근본적으로 다르다고 주장한다. 그리고 그는 매체의 존재 방식과 관련하여 두 가지를 이끌어낸다. 그는 첫째로 건축의 암묵적인 전통이었던, 현재의 건축적 결과물이 과거의 건축 행위로부터 비롯되어야만 만들어질 수 있는 구조를 짚으며,[2] 둘째로, (디지털 테크놀로지에서) 시뮬레이션을 성취하는 실시간 테크놀로지realtime technology는 '리코딩recording과 프로세싱processing'을 동시에 작동시키는 구조라는 점을 지적한다.[3]

그는 이 두 가지로 인하여, 실시간 모드라는 새로운 테크닉 체제에서 이루어지는 건축 행위의 과정에서 우리가 더는 무언가를 "표상representation할 필요 없이 전달presentation만 하면 된다"[4]는 결론으로 끝맺는다. 이는 한 발짝 더 나아가 전통적인 의미로서의 건축, 즉 '표상의 역사'의 종말을 암시한다. 하지만 우리는 시뮬레이션도 매체로서의 형식을 갖는 점에 주목해야 한다. 매체라는 말의 본뜻 — 무언가의 가운데에서 양쪽을 매개하는 것, 이를테면 건축의 원관념과 물리적 실현 사이를 중재하는 건축 드로잉 — 을 고려하면,

시뮬레이션 또한 다른 매체들처럼 표상에 관한 요소들이 개입할 여지를 갖는다. 일례로, 드로잉은 그 이면에 항상 표상을 구축하는 과정을 수반한다. 이를 고려하면, 건축적 시뮬레이션은 오히려 표상과 전달이 하나의 프로세스 안에서 동시에 수행되는 테크닉일 수 있다. 따라서, 디지털 이미지의 존재 방식 ontology에 관한 존 메이의 이해는 누구나 납득하는 지점이 있을지 몰라도, 모든 것을 압착하는 듯한 결론 — 더 이상의 표상은 없고 오직 전달만 존재한다 — 은 반박의 여지가 있다. 특히, 그가 설명하는 실시간 시뮬레이션에서도 여전히 표상이 자리하고 있음을 고려하면 이는 다른 방향의 결론으로 이어질 수 있다.

매체의 존재 방식에 관한 메이의 이해에 따르면, 드로잉은 인간의 의지에 의한 '수작업'의 포맷이며, 사진은 '화학적 과정'을 통한 기억의 아카이브이며, 디지털 이미지는 '전기적 에너지'에 의한 저장 포맷으로서 정의된다. 이 세 개의 매체는 모두 역사적으로 문화적 기억을 저장하기 위한 형태로 발전했다. 즉 매체는 우리가 문화라고 일컫는 지식을 도구화하는 테크닉이자 지식의 축적을 통해 만들어진 하나의 개별적 존재로서, 개인의 수명을 초월하며 우리의 현재와 누군가의 과거를 연결하는 역할을 수행하는 존재이다.[5] 메이는 매체가 과거와 현재를 연결하는 역할을 수행한다는 점에 관련하여, 건축 역사적으로 특히 드로잉이 어떻게 사용되어 왔는지를 orthography 테크닉에 내재한 장치를 설명하는 것을 통해 기술한다.[6]

> orthography는 해당 사회의 가치 체계를 반영하여, 주어진 여러 가지 대안 중에서 무엇이 올바른 것인지를 결정하는 매우 정치적인 단어이다. 이것은 '올바른 표기법'이라는 원 뜻을 가지고 있으며, 건축 디서플린에서는 직각 투영 표기법을 가리키는 말로 좁혀져 사용되어왔다.

그에 따르면 orthography 드로잉의 내재한 장치 apparatus는 다음의 두 가지 속성을 포함한다. 첫째로 "드로잉은 상상 가능한 시적 세계를 표상하는, '선형성의 장치'에 의해 구조화된 기하학적 의사 표현이었다.

그리고 이 기하학적 의사 표현은 텍스트와 언어를 '사고의 중심'에 놓는 것을 통해 이루어졌다. [둘째,] 드로잉은 스케일과 비례의 법칙에 의해 구조화된 기하학적 의사 표현이었다. 이를 통해 드로잉에는 형태와 물질성이 부여된다."[7] 이 두 가지의 특징을 통해, 그는 orthography 드로잉이 바로 물질성과 형태를 포함한 의사소통의 의지를 저장하여 미래의 누군가에게 전달하는 것이라고 말한다. 즉, 건축에서 드로잉이 수행했던 역할은 과거와 현재를 엮어냄으로써 역사적 추론과 현재의 건축적 실험 사이에 긴밀한 관계를 만들어내는 것이다.[8] 존 메이는 이것이 그동안 건축에서의 orthography 드로잉이 수행했던 행위라고 정의 내린다.

하지만 orthography는 또 다른 내재적 장치를 내포한다. 이것에 관한 단서는 독일의 영화감독이자 작가인 히토 슈타이얼Hito Steyerl의 글, *The Wretched of the Screen*에서 찾을 수 있다. 슈타이얼은 건축에서의 선형-원근법linear perspective이 보는 이로 하여금 신체와 그것의 위치를 부여하는 테크닉이라고 이야기한다. 왜냐하면, 소실점은 자신의 정 반대편에 보는 이의 위치를 강제로 고정해버리기 때문이다.[9] 즉 이는 선형-원근법에 의해 구축된 세계가 절대적으로 우선하며, 보는 이는 상대적으로 이에 맞춰서 대응되는 존재임을 암시한다. 이는 orthography라고 해서 다르지 않다. 어떠한 투영 방식에서든, 보는 이는 드로잉으로부터 결정된 위치와 방향으로 세계를 마주해야 했다.

이러한 맥락에서, 존 메이가 수사적인 표현으로 정의했던 postorthography는 개념적으로 확장될 여지를 획득한다. 메이의 postorthography는 orthography에 내재한 장치를 끌어내며 이것의 정 반대 영역을 규명한다. 메이는 상당수의 건축가가 드로잉에 의존하여 건물을 지어야 한다고 주장할지라도, 이것은 사실상 건축의 실천 방식에 관하여 orthography를 보존하고자 하는 우리의 고정관념 혹은 향수일 뿐이라고 주장한 바 있다.[10] 이러한 관성으로 인해, 디지털 이미지는 실제로 더 많은 실현 가능성을 지녔음에도 불구하고 특정 형식으로만 실현되게끔 사용되어 왔다고 그는 지적한다. 덧붙여 그는, 존재 자체가 전기 에너지의 방출에 기반하고 있는 점 때문에 디지털 이미지는 언제나 현재로 존재하게 되는 도구이며, 이는 드로잉이 수행했던 '과거에서 미래로 투영되는 방식'과 전혀 다른 구조 체계임을 강조한다.

존 메이의 postorthography는 슈타이얼의 논점과 만났을 때 새로운 의미를 만들게 된다. 이는 바로, 보는 이가 절대적인 존재가 되며, 그 대신 건축적 리얼리티는 보는 이에 대응하여 상대적인 존재로 전환되어 존재하는 지점이다. 공교롭게도, 시뮬레이션에 관한 메이의 존재론은 '보는 이의 현재가 곧바로 건축적 리얼리티로 대응될 수 있는 매체'의 가능성을 이미 설명해주고 있다. 이를 종합하면, postorthography의 시뮬레이션은 경쟁적 구도를 가져왔던 두 개의 객체 — 보는 이와 세계 — 가 표상과 전달을 동시에 수행하는 지점으로 의미를 확장하게 된다. 이미지 생산과 관련하여, postorthography에서는 매체와 보는 이 둘 다 자율성을 갖는다. 하지만 모호하게도 여기서의 매체는 다른 제삼자에 의해 구축되었다는 점으로 인해, 이것의 중재 관계는 orthography의 매체보다 훨씬 더 복잡하다. 앞서 말했듯이, 사진과 드로잉에서의 매개 행위는 언제나 과거에서 아카이빙하는 방식을 통해 이뤄졌으며, 건축의 현재를 건축의 과거로 회기 시키는 매체였다. 하지만 아카이브를 통하지 않는 매개체, 즉 시뮬레이션의 매체는 이미지를 현재 시점으로 존재하는 것을 허용한다. 그리고 이와 동시에 보는 이와 매체를 구축한 사람과 매체 등의 참여하는 객체 모두를 실시간으로 매개한다. 그리고 앞서 주장되었듯 시뮬레이션은 표상을 포함한다. 예를 들어, 실시간 카메라가 하나의 리얼리티를 실시간의 이미지로 변환하는 테크닉이라고 가정한다면 이 과정에서 변환된 이미지는 소실점, 초당 프레임을 포함한 노출 시간, 바이어스, 색의 형태, 단위 픽셀의 크기 등과 같은, 이미지의 결과값을 결정하는 사안을 내재한다. 그런데 이 사안들은 절대적으로 고정된 값들이 아니라 표상의 일부이다. 따라서 이는 언제든지 수정되고 다른 요소가 개입될 수 있는 틈새를 지닌다. 즉, 실시간 카메라는 현실이 투영된 이미지를 일대일의 시간적 스케일을 기반으로 별도의 아카이빙 과정 없이 생산해내지만, 이것의 결과로 도출되는 이미지 또한 리얼리티의 '완벽한 반영' 또는 '현실의 전달'이라기보다 '구축된 현실'에 가깝다. 다시 말해, 이 표상의 틈새부터 확장된 매체는 현실을 또 다른 실시간의 굴절된 현실로 재생산한다.

이러한 배경 아래에서 *Real-Time Chamber*는 실시간 카메라에 담긴 도시 이미지들로 연동되는 가상 공간을 구현한다. 이 가상 공간은 북아메리카의 5개 도시 — 뉴멕시코, 뉴욕, 시카고, 뉴저지, 세인트루이스 — 의 CCTV에서 얻어진 실시간 이미지 조각들로 구성된다. 이 가상 현실은 현실을 반영하는 거울이지만, 매체 안에서 일어나는 표상적 굴절들로 인해 보는 이는 실시간으로 구축된 또 다른 현실 constructed reality의 공간을 마주하게 된다. 여기서 기존 카메라의 소실점이 알베르티의 창문처럼 보는 이를 현실의 반대편에 고정-미러 mirror시켰다면, 반대로 이 프로젝트는 카메라의 소실점을 소거하고 재생성하여 보는 이를 창문 안으로 이끈다. 다시 말해 보는 이는 구축된 현실 앞에서 자율성을 갖는다. 그리고 그 앞에 놓인 공간은 실제이자 동시에 허구이며, 현실이자 동시에 표상이 된다.

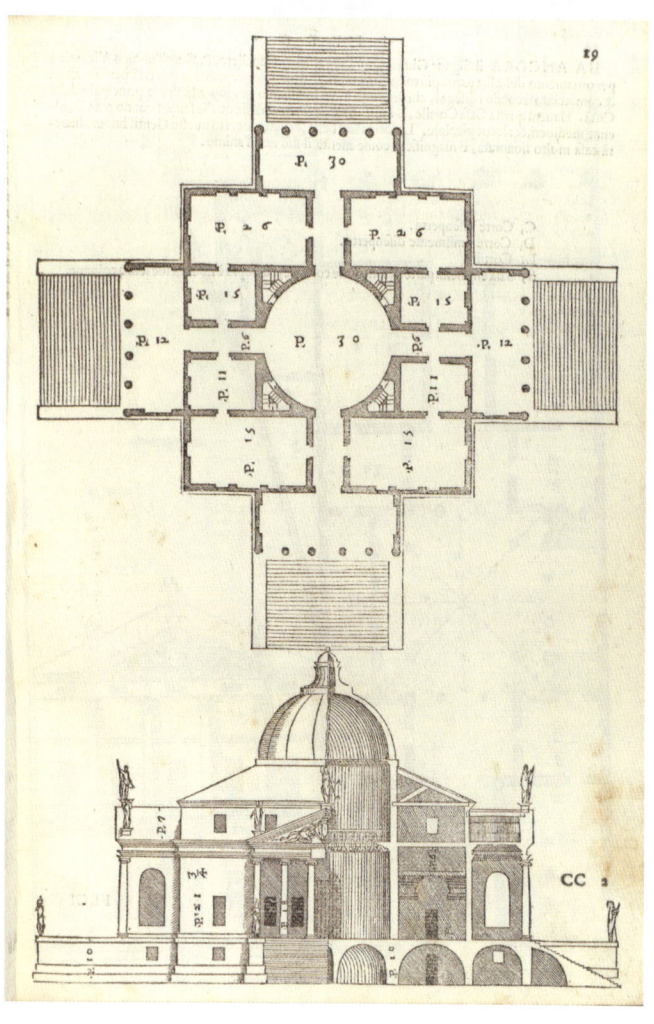

Andrea Palladio, Villa Almerico (Villa Rotunda), from I quattro libri dell'architettura di Andrea Palladio, Book 2, page 19, 1570.

Pietro Perugino, *Delivery of the Keys*, 1481–1482, fresco, 330×550cm.

ESO, Space Telescope Resolution Comparison, 2018.
© ESO/José Francisco (josefrancisco.org)

Terrafox Networks, Network Camera, Silver City New Mexico 88061 USA.
© Terrafox Networks

Real-Time Chamber
Suyoung Ko

Architectural media have long been considered hypothetical containers for design ideas and ideologies. Every medium contributes to a storehouse of cumulative knowledge and wisdom that we now recognise as architectural culture. However, digital media are fundamentally different from other physical media in terms of the mode of representation. In connection with this, two different texts by John May, the founder of MILLIØNS Architecture, provide a new means of understanding digital imagery: 'Everything is Already an Image' and 'A Conversation between John Harwood and John J. May'.[1] May argues that the term 'simulation' or 'presentation' in digital imaging is inherently dynamic and incompatible with other conventional media in relation to his view of its ontological implications. He reveals the essential structure that perpetuates architectural conventions, whereby architecture, both at present and in the future, draws on the past. Therefore, architectural conventions have tended to embed a 'correspondence between past and present' in the medium.[2] Secondly, he articulates the operations of real-time technology to record and process information as in a single process.[3] As a consequence, May concludes that there should be '[n]o more representation, only presentation', while implying the emergence of real-time technics.[4]

    His claim implies the waning over time of the power of representation. However, an image requires containment within a particular medium, referring to itself as a container mediating between two things. As a consequence, even simulation, as image processing, also has to be contained within a medium, suggesting that real-time simulation is still constrained by a certain degree of representation. In light of May's hypothesis, simulation can be understood as a technique in which representation and presentation operate as one. As such, May's preoccupation—with the ontological problems inherent to architectural technics, drawings, photography, and digital imagery—is a valid one. May's conclusion marks the demise of mimetic representation, and the rise of a mode of 'only presentation' seems to be refutable. The representation intrinsic to real-time simulation could however prompt different evaluations of its role.

In accordance with May's understanding of the ontological conflicts in architecture, he conceives of, what he terms, a distinctive technics: '[d]rawings are a hand-mechanical, geometric storage format; photographs are chemical-mechanical storage (granular and molecular, but not at all geometric); images are a statistical-electrical storage format. Because technics are, at base, coincident with cultural memory itself—because all techniques are ways of recording, storing, and retrieving thoughts and systems of knowledge that exceed the finitude of any single individual life.'[5] In this sense, the medium is an instrumentalised technic existing in a final state of individuation, and an accumulation of knowledge that may transcend one's life. It also means that there is a correspondence between one's present and someone else's future.

May elaborates on 'what orthography was' and how architectural drawing has been exploited through the embedded apparatus of orthography.[6] The embedded apparatus of orthography defined by May revolves around two characteristics: first, 'geometric gestures structured by "the device of linearity" represented the audible and phonetic world, thus placing speech and text at the center of thought. [Secondly,] geometric gestures structured by the laws of scale and proportion represented the silence of lived spatial experience, thus placing form and materiality at the center of thought'.[7] Therefore, in his definition, orthographic drawing has long played the role of communicating one's will, including its materiality and its form, to another being in the future. That is to say, drawing as an architectural convention 'established a deep connection between architectural experimentation and historical reasoning' through a 'correspondence between past and present'.[8]

However, orthography might contain another apparatus. A clue is laid in the book *The Wretched of the Screen* by Hito Steyerl, a German film director and writer. Steyerl notes that 'linear perspective also performs an ambivalent operation concerning the viewer. As the whole paradigm converges in one of the viewer's eyes, the viewer becomes central to the worldview established by it. The viewer is mirrored at the vanishing point, and thus constructed by it. The vanishing point gives the observer a body and a position. But on the other hand, the spectator's importance is also undermined by the assumption that vision follows scientific laws. While empowering the subject by placing it at the center of vision, linear perspective also undermines the viewer's individuality by subjecting it to supposedly objective laws of representation'.[9] Thus, according to her argument, a view of the world from a linear perspective is absolutely prioritised over that of the viewer. The same principle belies both orthographic drawings and linear perspective drawings—the world over the viewer.

Postorthography, a rhetorical term devised by May, was defined in contradistinction to orthography and emboldened by its conceptual connections to its origins, illuminating the nature of the apparatus embedded in orthography. May elucidates his point: '[s]ome architects imagine that drawings are still needed to build buildings, and that this indexical connection has preserved orthography at the solid center of our practices'.[10] Thus, for May, the instrumentalisation of the digital image in architecture was preserved so that it might be expressed only according to a specific kind of workflow. His claim—that the digital image is the output of dynamic processes—leads to the point that at present an image is an instrumentalised being, which is very different from the means of projecting imagery from the past onto the future. The meaning of postorthography is intensified when it is faced with another contradictory condition within orthography noted by Steyerl—that all viewers become central to a world established through them. May's elaboration of statistical simulation is already proving the possibility of a medium in which the viewer's present corresponds with the world and vice versa. Simulation in postorthography, therefore, operates through both representation and presentation in two competing notions—the viewer and the world.

In postorthography, the medium and the viewer are both autonomous in image processing. However, mediation between the two is much harder to interpret compared to that of the orthographic medium as the medium is constructed by a third party (not the viewer nor the medium itself). Mediation within photographs and drawings has always been conducted throughout history through archival research and preservation, forcing outcomes at present to return to the history of the outcome. However, a medium devoid of the acts and outcomes of archiving—the medium of real-time simulation—enables images to be in the present, mediating viewers; the world in a medium; and the constructor of the medium simultaneously. And simulation is established not only through the presentation of a medium but also by the representation of a constructor.

For example, real-time camera projection is a technique that translates reality into framed images in real-time. The translated images include particular decisive issues in terms of the mode of representation, such as frame per second, exposure bias, bits and pixels, and representative colour that can be modified and edited anytime rather than being fixed as default values. Thus, the real-time camera produces thousands of image frames corresponding to reality in one to one scale of time. The reality produced here is a 'representation of the reality' rather than a 'perfect presentation of reality'.

Real-Time Chamber is a virtual space constructed with images captured by five real-time cameras located in New Mexico, New York, Chicago, New Jersey, and Saint Louis in North America. The project presents the reality captured by cameras as it is, while at the same time representing a constructed reality by attending to the re-distribution of real-time images. The world viewed through the cameras places the viewers at the centre by mirroring them with a vanishing point, which might be compared to how Alberti's window acts on the viewer. However, on the contrary, the project re-establishes the vanishing point existing in the cameras, and re-distributes images to create a constructed space so that the project invites the viewer inside of the window. In other words, it no longer mirrors the viewer at the vanishing point, but the viewer becomes autonomous in their constructed reality. The construction is not only real, a presentation, but fictitious, a representation.

1   John May, "Everything Is Already an Image," *Log* 40 (2017): 9–26; John Harwood and John J. May, "A Conversation Between John Harwood and John J. May," in *Architecture is All Over*, ed. Esther Choi and Marrikka Trotter, (New York: Columbia Books on Architecture and the City, 2017), 178–190.
2   May, "Everything Is Already an Image," 17.
3   "A Conversation Between John Harwood and John J. May," 180.
4   May, "Everything Is Already an Image," 26.
5   Ibid., 14.
6   Ibid.
7   Ibid., 15.
8   Ibid., 17.
9   Hito Steyerl, *The Wretched of the Screen* (Berlin: Sternberg Press, 2012), 19.
10 May, "Everything Is Already an Image," 20.

Saturated Space
오연주

> "생각에서 상상, 상상에서 드로잉, 드로잉에서 건물, 그리고
> 건물에서 우리의 눈까지를 연결하는 것은 투영이다."
> — 로빈 에반스[1]

르네상스 이전의 건축은 장인과 석공에 의해 만들어지는 공예였다. 그러나 르네상스 이후, 특히 알베르티 Leon Battista Alberti가 건축가를 건물을 짓는 사람과 구별 지음으로써, 건축은 표상 자체를 다루는 분야로 분리되었다. 이에 따라 건축가는 건물에 대한 드로잉을 생산하는 것에 집중하게 된다. 건축 행위에서, 원관념을 2차원으로 변형 및 투영시키는 중간 단계로서의 드로잉은 반드시 거쳐야 하는 통과의례가 되었다. 이는 건축이 매개와 투영에 의존하게 되는 경향을 더 키우는 결과를 낳았다. 건축 행위의 각 단계마다 있는 투영은 연계된 매체의 특성에 따라 고유의 굴절을 일으킨다. 따라서, 드로잉의 매체 특정성은 과거 공예적 속성의 건축과는 판이한 형태적 양상을 불러일으켰다. 일례로 입체적인 공간을 2차원으로 존재하는 드로잉을 통해 디자인해야 했던 관습은, 지어진 건물이 평면도를 통해서 더 잘 읽히는 결과를 가져왔다.[2]

전통적인 방식의 건축 드로잉은 건물을 짓는 사람들에게 건축 원관념을 더 객관적으로 전달하기 위한 목적으로 고안되었다. 그런데 이것은 기존의 목적과는 달리, 실제 세계에서는 존재하지 않는 자체적인 리얼리티를 형성해왔다. 그것은 드로잉만의 특이한 투영 방식 때문이었으며, 직각 투영 orthographic projection은 이것의 대표적인 사례다. 직각 투영은 모든 방면에서 수치의 왜곡이 생기지 않도록 입체물을 표현하는 방식이다. 따라서 해당 드로잉은 측정을 위한 데이터일 뿐이며, 인간의 시각 기준으로는 보여지는 것[3]을 담아내지 못하며 오히려 대상을 왜곡한다. 하지만 직각 투영 드로잉은 표현된 결과 자체로 시각적인 흥미를

불러일으킨다. 그러나 이러한 미적인 흥미로움은 오직 2차원 드로잉 안에서만 유효하며, 건물에 반영할 경우 신기루처럼 사라진다. 즉, 건물이 아닌 드로잉 그 자체로 예상 밖의 독립적인 미적 성취가 생기는 것이다. 바로 이 지점에서, 빌딩으로 구현될 결과와는 별개로 건축 드로잉 고유의 리얼리티가 포착된다. 하지만 이를 건물에 투영되어야 할 과정으로만 간주했던 과거의 건축 행위는, 안타깝게도 이것이 발현할 수 있는 다른 미적-공간적 가능성을 모두 일축해버렸다.

이러한 맥락에서, 가상 현실은 전통적인 건축 투영과 표상들이 새로운 리얼리티로 나아갈 수 있는 출구를 열어줄 수 있다. 디자인 도구로서의 가상 현실은 매개 과정의 단순화를 통해 기존의 디자인 도구들이 어쩔 수 없이 받아들인 기보 과정을 제거해버린다.[4] 가상 현실에서는 기보에서 발생했던 '차원이 축약되는 투영'이 직관에 기반한 몸짓으로 대체된다. 따라서 별다른 표상 과정 없이 공간에 대한 상상을 즉각적으로 인지하고 동시에 표현할 수 있다. 사실, 디자인 과정이 결국에는 2차원으로 압착되어 투영되어야 했던 점은 디지털 기술이 발전한 이후에도 변함이 없었다. 디자인 소프트웨어를 다루는 것도 결국은 평면 스크린을 통해서 시각화되었다. 이를 고려하면, 디자인 도구로서의 가상 현실은 디자인 패러다임의 근본적 전환을 담보한다. 특히, 아이디어와 최종 공간 사이의 중간 매개 과정으로서의 드로잉이 생략되는 지점은 디자인 행위가 공예적 행위로 다시 돌아갈 가능성을 암시한다.

르네상스 이전 건축의 공예적 속성은 주로 조각 행위에 기반한다. 당시의 석공들은 주어진 돌을 깎아나가며 형상을 끄집어냈다.[5] 이는 전지적 시점을 기반으로 창작자가 물체로서의 대상을 내려다보는 방식을 바탕으로 한다. 하지만 가상 현실은 이와는 반대되는 방식으로 건축 행위를 가능하게 한다. 가상 현실의 기본 속성은 특정 환경에 인간이 빠져들 수 있도록 인간을 둘러싼다는 것이다. 사용자는 끊임없이 무언가의 내부에 놓인다. 다시 말해 이는 온전한 내부성interiority이다. 이를 바탕으로, 우리는 가상 현실에서 주체의 몸짓이 둘러싼 환경을 깎아나가며 공간을 빚고 또 확장해나가는 방식을 상상해 볼 수 있다. 일전에 프레데릭 키슬러Frederick Kiesler는 *Bucephalus* 작업을 통해 내부에서 직접 행위로 만들어나가는 공간을 제시했던 적이 있다.[6] 가상 현실은 모든 물체의 물리적 무게를 제거함으로써 이를 더 자유롭게 가능하도록 한다. 달리 말해, 물질이 사라지고 시각적 특질로만 구현된 가상 환경에서 '깎아나가기carving'는 어떠한 무게감도 암시하지 않는 아주 즉각적이고 가벼운 공간 형성 행위로 재탄생한다. 이는 기존의 디지털 소프트웨어가 구현해온 불린Boolean-차집합difference 기능과도 차원을 달리하는 인터페이스이다.

다시 돌아가서, 필수 불가결한 과정이었던 기보가 생략이 가능한 선택지로 전락해버린 상황은 드로잉을 건물로부터 해방시킨다. 사실, 전통적인 투영법에 기초한 드로잉은 보는 관점에 따라서는 왜곡이 가득한 결과물인데, 이를 통해 건물을 디자인하려 했던 관습은 건물로 지어진 결과를 더욱 불완전하도록 내몰았다. 그래서 해체주의 이후의 건축 역사는 불완전했던 전통 투영법의 제약을 극복하려는 일련의 시도들로 가득했다. 그러나 가상 현실로 인해 기보법이 만들어온 왜곡으로부터의 완전한 독립이 가능해지자, 오히려 해당 왜곡이 만들던 특유의 형태적 성질들은 하나의 흥미로운 선택지가 된다. 이는 특히, 굳이 이를 건물로 옮기려 하기보다는 그 자체의 시각적 특질을 형태적 유희의 대상으로 대하려 할 때 흥미로워진다. 이를 통해, 건축 드로잉은 고유의 형태적 가능성을 독립적인 리얼리티로 발현할 수 있게 된다.

이러한 맥락을 바탕으로, 이 프로젝트 *Saturated Space*는 깎아나가기carving를 통한 공간 디자인 도구를 제시한다. 디자인은 가상 공간을 기반으로 사용자의 몸짓을 통해 이루어지며, 해당 결과는 디지털 공간으로 드러나며 필요에 따라 물리적 실체로 옮김이 가능하다. 그리고 포스트-모던 건축가들의 직각투영 드로잉들을 깎아나가는 도구로써 활용한다. 이를 위해 제임스 스털링James Stirling, 베르나르 추미Bernard Tschumi, 그리고 오스발트 마티아스 웅어스Oswald Mathias Ungers 세 명의 건축가들을 초대한다. 프로젝트 내부의 세 가지 가상 공간에서는 각 건축가의 드로잉으로 만들어진 공간이 각 건축가의 드로잉으로 만들어진 오브젝트를 통해 깎여나간다. 그 안에서는, 각 건축가가 자신의 드로잉에 어떤 아이디어를 투영했든 간에, 이와는 상관없이 드로잉의 형태적 특질이 자주적으로 서로 충돌하며 새로운 공간을 만든다. 이는 건축으로 건축을 만드는 새로운 양상을 가능하게 한다. 이를 통해, 스털링 공간은 스털링 모양으로 조각하여 새로운 스털링을 드러내며, 추미 공간은 추미로 깎아미지의 추미를 발견하고, 웅어스 공간은 웅어스로 떼어 내어 숨겨진 웅어스를 노출시킨다.

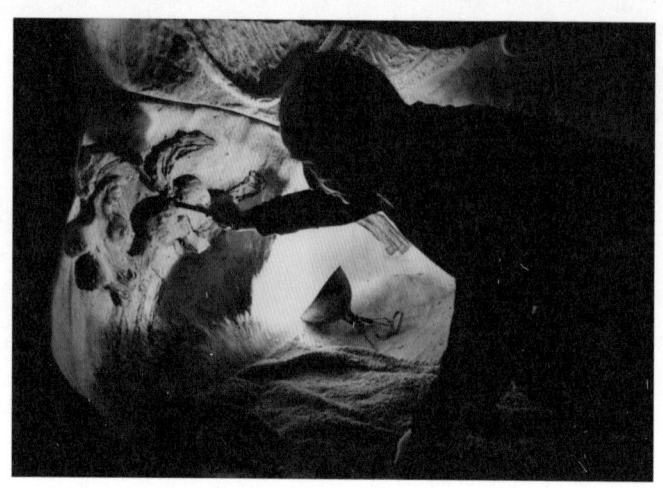

Frederick Kiesler working inside his sculpture "Bucephalus", Amagansett/NY, c.1964–65. © 2020 Austrian Frederick and Lillian Kiesler Private Foundation, Vienna

Photograph of the exhibition space, Mousonturm, Frankfurt am Main, 2019.

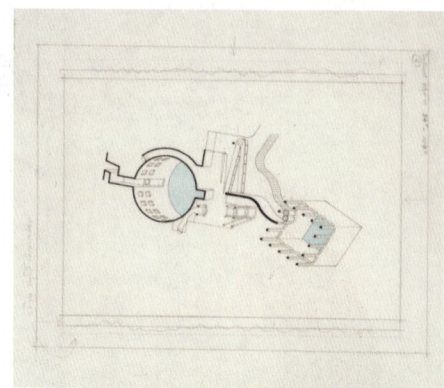

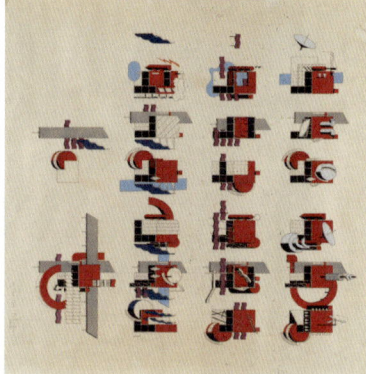

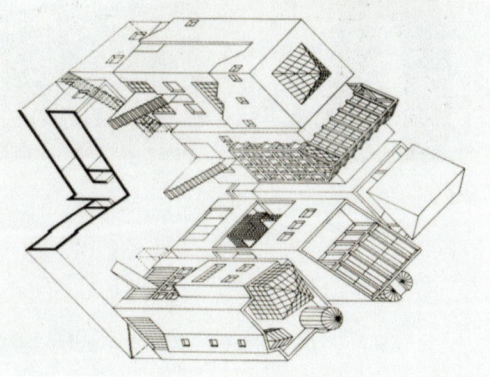

→ James Stirling and Partner, Worm's-eye axonometric for Nordrhein-Westfalen Museum, Düsseldorf, Germany, 1975, ink and coloured pencil on paper, 40.3×33.8cm, AP140.S2.SS1.D43.P6.7. © James Stirling/Michael Wilford fonds, Canadian Centre for Architecture

→→ Tschumi, Bernard (b. 1944): Parc de la Villette, Le Case Vide Paris, France Axonometric of folly. September 1984. New York, Museum of Modern Art (MoMA). Pen, ink, gouache, and airbrush on paper, 37 3/16×37 5/16 (94.5×94.8cm), Peter Norton Purchase Fund. Acc. n.: 22.2000. Digital image, The Museum of Modern Art, New York/Scala, Florence

→→→ Oswald Mathias Ungers, Ritterstrasse Residential Development, Marburg, 1976. © Ungers Archiv für Architekturwissenschaft

Diagram of 'Stirling Space.'

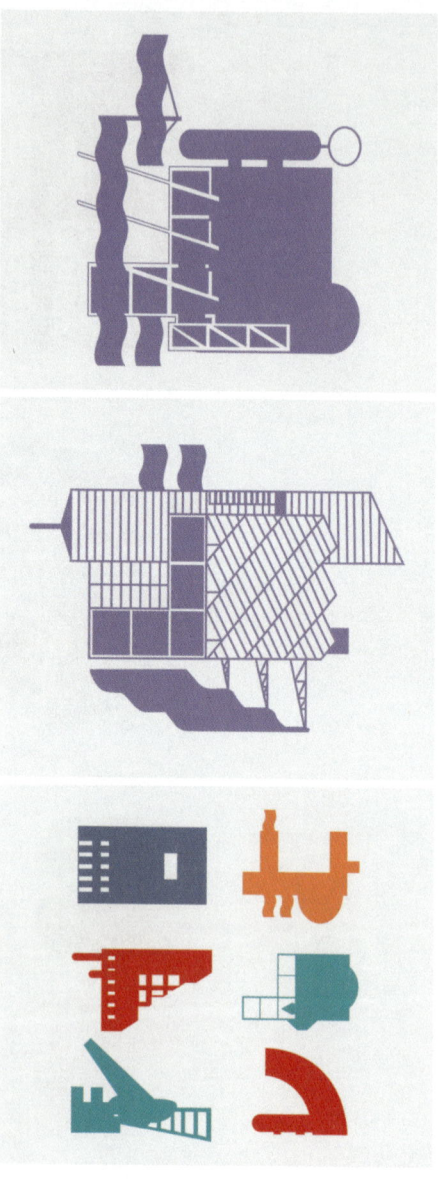

Diagram of 'Tschumi Space.'

Diagram of 'Ungers Space.'

Saturated Space — 오연주

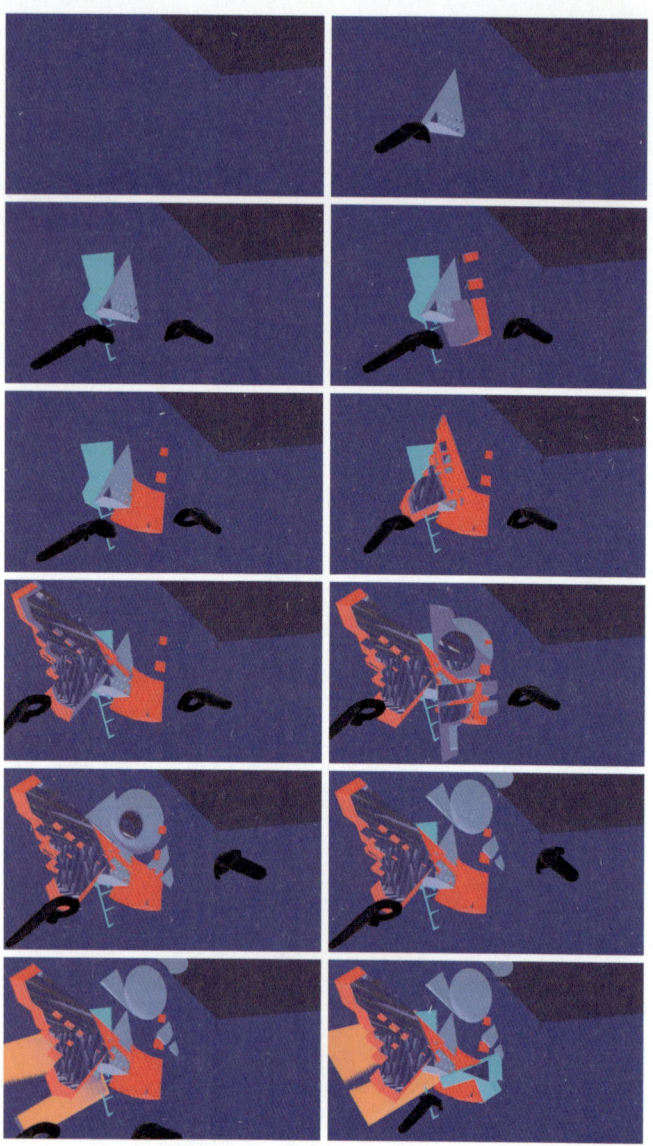

Sequence of carvings in virtual space.

Screenshot of space created by an exhibition visitor, Mousonturm, Frankfurt am Main, 2019.

Saturated Space — 오연주

Saturated Space
Yeon Joo Oh

> 'What connects thinking to imagination, imagination to drawing, drawing to building, and buildings to our eyes is projection.'
> — Robin Evans[1]

Before the Renaissance, architecture was seen as a craft forged by artisans and masons. However, in the years that followed this period of extraordinary cultural progress it became a separate and independent field that contemplated forms of representation, primarily influenced by Leon Battista Alberti's distinction between architects and builders. According to Alberti's theory of design, the architect is the one who produces drawings of buildings, not the buildings. Architectural drawing—an intermediary stage in which an architectural idea is transformed and projected onto a two-dimensional representation—has become an integral part of the design process. This has resulted in the general conclusion that architecture depends more upon mediation and projection than it does upon physical construction. Projection, operating at every phase of the design process, effects an intrinsic distortion when following the specific properties of a certain medium. The medium specificity of drawings led to a new formal modality in architecture, which was clearly distinguishable from the emphasis on craft in the architecture of the past. For instance, the tradition of designing a three-dimensional space through two-dimensional drawings gave rise to buildings in which wall surfaces resembled paper surfaces and floors resembled plans.[2]

The original purpose behind architectural drawings was to convey architectural ideas to builders with greater objectivity. However, drawings have formulated their own reality—one that does not appear to exist in the real world. This had to do with the specific methods or systems of projection in architectural drawings, which are data for measurements, such as orthographic projection. Orthographic projection is the means of representing an object without any resulting distortion to the measurements. Even though orthographic drawings provide essential data for measurements and cannot represent ways of seeing[3] through human eyes, their results produce intriguing visual effects. These effects are only valid in the two-dimensional drawings and often disappear when they are projected onto buildings. In other words, a unique and unexpected aesthetic is achieved in these drawings (and not in the buildings) that promotes their own reality. However, architectural design of the past regarded drawings as merely a means by which designs could be projected into spaces and onto structures, and therefore dismissed their aesthetic and spatial potential.

In this context, Virtual Reality (VR) can open up a new reality, in which conventional projection and forms of representation can develop. Unlike conventional design tools, VR eliminates the inevitable process of notation by simplifying the process of mediation.[4] In VR, the notation-based projection of reduced dimensionality is substituted by the intuitive gestures of a subject in space. Therefore, imagined space can be perceived instantaneously and articulated simultaneously without any form of representation. In spite of the developments in digital technology, the design process has not changed, involving compression and projection onto two-dimensional surfaces. Designs completed using software were still visualised on flat-screens. Taking this into consideration, VR as a design tool guarantees a fundamental paradigm shift: it skips the act of drawing as mediation between an idea and a final space to suggest the possibilities of architectural design returning to its origins in craft.

Architecture before the Renaissance was based upon the act of sculpting. Masons carved the outer layers of crude stone, from which a sculpture emerged.[5] This was based on the omniscient point of view, where the sculptor looked down at the object. However, VR makes it possible to view the object in the opposite direction. The medium specificity of VR provides an immersive environment that surrounds the subject in space. The subject is constantly situated in the interior of something: VR provides absolute interiority. This allows us to imagine an opportunity whereby the gestures of the subject in VR can carve into their surrounded environment to create and extend the space. It is similar to the way Frederick Kiesler, in his work *Bucephalus*, literally built his model from the inside out.[6] VR introduces greater freedoms to design by reducing the physicality of objects in space. The act of carving in the virtual environment becomes an expedient and nimble process, creating a space without any sense of weight or burden. This interface is also different from the Boolean-difference operation in the existing digital software.

In this way, the previously indispensable process of notation becomes optional and therefore emancipates the drawing from the building. One should bear in mind the fact that drawings based on conventional projection precipitated outcomes prone to distortion. This convention led to buildings that were found wanting. Therefore, the history of architecture since deconstructivism has been marked by attempts to overcome the limitations of conventional projection. And yet, even though VR enabled architects to separate themselves from notational distortion completely, its formal properties offered interesting alternatives. It is important to note here that the emphasis is no longer upon drawings projected onto buildings, but on the visual properties of notation as a kind of formal play. Throughout this process, architectural drawings manifest their formal possibilities as an autonomous reality.

Saturated Space proposes a new architectural design tool in the act of carving. The design process occurs in the gestures made by the subject in virtual space. The designed outcome reveals itself in the digital space and can be translated into physical entities. Here, the project invites three postmodern architects: James Stirling, Bernard Tschumi, and Oswald Mathias Ungers. Their orthographic drawings are used as carving tools. Each virtual world is a space derived from the drawings made by these three architects, and each space is carved using specific shapes extracted from these drawings. In this interactive project, the formal properties of drawings collide with each other and form a new space regardless of ideas previously projected in particular drawings. It explores the new modalities by which architecture makes architecture. Stirling is carved using Stirling's shapes, revealing a new Stirling; Tschumi slices through a Tschumi, uncovering an unknown Tschumi; while Ungers scoops through Ungers, exposing an Ungers hidden beneath.

1 Robin Evans, *The Projective Cast: Architecture and its Three Geometries* (Cambridge, Massachusetts: The MIT Press, 1995), xxxi.
2 Ibid., 116.
3 See John Berger, *Ways of Seeing* (London: British Broadcasting Corporation and Penguin Books, 1972).
4 See Mario Carpo, *The Alphabet and the Algorithm* (Cambridge, Massachusetts: The MIT Press, 2011).
5 Oswald Mathias Ungers, "From the Metaphor to the Project: Architecture as an Archaeological Discovery," *Domus* no. 735 (1992): 120–124 (120).
6 Beatriz Colomina, *X-Ray Architecture* (Zurich: Lars Muller Publishers, 2019), 37–45.

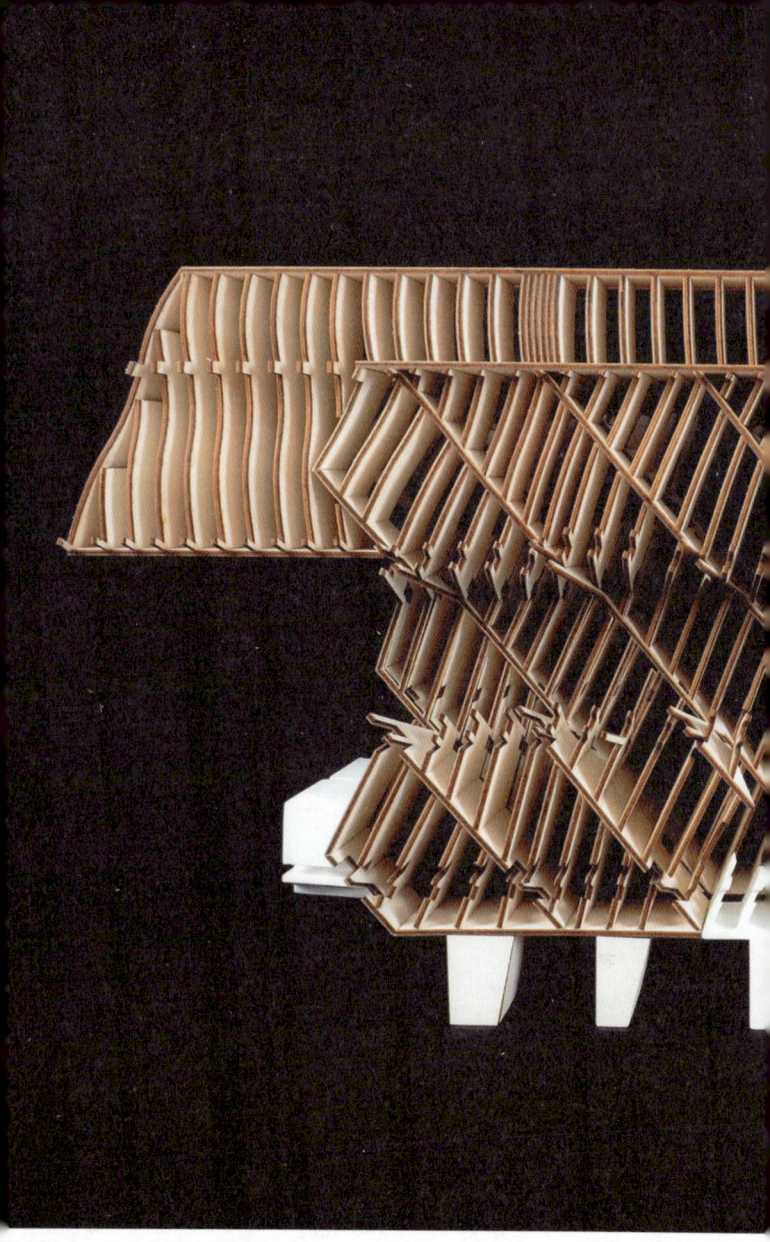

Third Space
이수남

*Third Space*는 실체와 가상의 간극을 좁힐 때 발생하는 대안적 공간 경험을 찾아 나서는 건축적 실험이다. 이는 VR의 등장과, 이를 비롯한 여러 테크놀로지들의 발전으로 인해 실체와 가상의 벽이 점점 허물어져 가는 현시대의 상황에 대한 적극적인 포용이다. 또한, 이는 그동안 물리적 공간과 가상의 공간이 독립된 형태로서 별개로 경험되어져 온 점에 대한 반문이기도 하다. 여기서의 대안적 공간은, 단순히 객체들의 집합으로 구성된 일차원적 의미의 공간만을 지칭하는 것이 아니라, 주체와 객체 사이의 인터렉션을 통하여 가상으로 형성되는 공간적 경험을 포함한다. *Third Space*는 특히 물리적 공간과 가상의 공간 사이에서 발생하는 불일치를 통하여 구축될 수 있는 공간적 경험에 주목한다. 여기에서 불일치는 인간 신체의 움직임에 의해서 인지된다.

    *Third Space*의 이러한 건축적 실험은 두 가지 이론적 바탕에서 비롯된다. 첫째는 인간 신체의 움직임과 공간 지각 사이의 상관관계에 관한 탐구이다. 이는 건축 역사에서 근대로 넘어오면서 조명되기 시작한 부분이다. 둘째는 신경과학적 측면에서 바라본 인간의 공간 지각 방식에 대한 탐구이다. 이 프로젝트는 VR 매체를 통해 해당 지식을 확장하고 비틀어본다. VR 매체가 인간의 신체적 움직임을 적극적으로 유도하는 지점은 이러한 이론적 실험들이 실제로 구축된 공간으로 발현될 기회를 제공한다. 특히, 감각의 일치로 이루어졌던 기존의 보편적 공간 경험이, 요소들의 조작을 통하여 대안적 경험으로 나아갈 수 있게 된다. 이러한 맥락에서 *Third Space*는 대안적 경험이 구축되는 과정에서 보편적 공간 경험을 어떻게 뒤틀 수 있을 것인가를 고찰한다.

    '제3의 공간'은 이미 몇몇 사회학자들에 의해 개념화되었다. 이 프로젝트가 정립하고자 하는 '제3의 공간'은 에드워드 소자 Edward Soja가 내세운 개념 속 제1, 2의 공간을 토대로 한다.[1] 제1의 공간이란 우리가 현실이라고 판단하는 물리적 환경으로서, 우리가 어떠한 매체를 거치지 않고서 신체의 감각을 통해 직접 보고 느끼는 공간을 의미한다. 제2의 공간은 가상적 공간으로 흔히 회화, 사진 등의 매체를 통해 구축된 모든 형식의 표상, 그리고 표상화되는 실체와 연결된 느낌과 경험 등을 동반한 공간이라고 할 수 있다. '제3의 공간'은 실체와 가상이 어우러져 저마다의 인간에게 제각각의 방식으로 형성되는 공간으로 실체와 가상의 일치와 조화를 기반으로 한 예상 가능한 공간이다. 여기서 이번 프로젝트 *Third Space*는 기존의 '제3의 공간'에 대해 반대로 접근한다. 이 프로젝트가 구축하고자 하는 '제3의 공간'은 실체와 가상이 일치하기보다는 미끄러지면서 불러일으키는 공간적 경험이다.

공간에 대한 건축 역사를 살펴보면, 19세기 중후반에 아우구스트 슈마르조August Schmarsow 등으로 대표되는 독일 기반의 예술학자들은 공간 탐구에 있어서 자연 과학을 바탕으로 한 새로운 접근을 시도했다. 이들은 건축 역사에 길게 자리 잡았던 건축적 가치 또는 이념이란 주제를 현실의 영역 또는 사실을 바탕으로 한 질문으로 대체하기 시작하였다. 이들은 르네상스부터 지속하여온, 부분과 전체의 조화에서 비롯되는 물리적 결과물보다는, 벽의 선, 면과 같은 건축 요소들과 인간 신체의 움직임의 상호작용으로부터 완성되는 건축적 공간의 출현emergence에 주목하였다.[2] 18세기 아일랜드의 철학자 조지 버클리George Berkeley는 인간이 가진 오감 중 공간을 경험하는 데 있어 지배적인 감각은 시각과 촉각이며, 공간 경험은 이들이 기억에서 융합되는 것이라고 주장했다. 19세기 독일의 철학자 루돌프 로체Rudolf Lotze의 주장에 따르면, 시각적 객체의 형태를 아우르게 하는 것은 시각의 움직임에 기반한 육체적 기억이다.[3] 오늘날의 신경 과학에 따르면, 공간의 지각은 우리가 사는 세상 속 드문드문 흩어져 있는 감각적 신호에 대한 추론, 그리고 사전적prior으로 습득한 저장된 지식들을 바탕으로 이루어진다.[4] 이러한 사전적 지식은 개인적 경험뿐만 아니라, 개인이 속한 사회, 문화적 배경에 큰 영향을 받는다. 즉, 이는 우리의 지각이 (절대적인 결과물이 아니라) 해석에 의한 결과임을 의미한다. 이를 종합해 보면 다음과 같다. 인간은 공간 속에서 자기 신체의 움직임을 바탕으로 자신의 시각적 사전 지식과 촉각, 청각 등의 사전 지식들을 즉각적으로 연결-추론하는 과정을 통해 공간에 대한 지각을 완성한다.

    *Third Space*는 앞서 살펴본 바를 바탕으로 다음의 세 가지 질문에서 출발한다. 진짜real처럼 인지되는 것은 무엇인가, 표상과 실체는 어떠한 관계를 맺는가, 그리고 공간은 어떠한 방식으로 지각되는가. 이는 현실reality이라는 것이 물리적 현실 — 우리의 감각으로 느껴온 — 과 가상의 현실이 동시에 존재할 수 있다는 가정을 전제로 한다. 이 프로젝트 안에서 '제3의 공간'은 물리적 공간과 가상의 공간이 절묘한 일치의 관계에 놓이면서 형성된다. 이후 경험자가 이 둘 사이의 크고 작은 감각적 불일치dissonance를 경험하게 되는 지점에서, 감각의 일치를 기반으로 한 예상 가능한 공간이 아닌 다른 방식의 대안적 공간이 생겨난다. 여기에서 VR이라는 가상 현실 구축 도구는, 단순한 독립적 표상의 도구로 사용되는 것이 아니라, 실체와 표상이 동시에 존재할 수 있도록 만들어주는 매체로 등장한다. 그리고 이 프로젝트는 주어진 장소에 존재하는 벽, 창문, 계단 등의 건축적 요소들과 공간과 공간 사이의 문턱 등에 각기 다른 감각의 불일치를 배치하여, 경험자로 하여금 어떤 대안적 공간의 경험이 실현될 수 있는지를 탐구하는 것을 목표로 둔다. 이에 따라, *Third Space*는 주어지는 공간에 따라 다양한 방식으로 발전이 가능하다. 즉, 이는 주어지는 공간의 조건에 맞물려 진행되는 장소 특정적 프로젝트이다. 이는 일종의 장면 연출scenography이며, 경험자가 가지고 있는 각자의 사전 지식에 따라 저마다의 방식으로 실체와 표상 중간 어디에 위치한 대안적 공간 경험을 만들어낸다. 그리고 그 안에서는 인간이 보편적으로 경험하는 모든 건축적 요소들이 필연적으로 해체 및 재구성된다.

Third Space: Uncanny Corner, Mousonturm, Frankfurt am Main, 2019.

Third Space: *Uncanny Room*, Städelschule, Frankfurt am Main, 2019.

Third Space: Threshold, German Architecture Museum(DAM), Frankfurt am Main, 2019.

Third Space: Uncanny Hallway, Factory 2, Seoul, 2020.

Third Space
Soonam Lee

Third Space is an alternative understanding of the ways in which our physical space can be in conflict with virtual space. This interpretation not only includes physical objects in space, but the experiences prompted by interactions between those objects and the subject. Physical and virtual spaces have long been experienced as separate realms. Today, however, the boundary line between the two is blurring and dissolving. *Third Space* attempts to further dissipate these boundaries and construct a new understanding of physical space through the medium of VR. It is based on the relationship between bodily movements and the perception of space in reference to studies conducted in neuroscience and psychology concerning perception. The work contemplates the ways in which everyday spaces can be transformed through the defining characteristics of VR, inducing bodily movement in space.

The concept of a 'Third Space' has been explored and elucidated by several sociologists. It can be understood most readily in Edward Soja's concept of First and Second Space: the physical and the virtual spaces. Physical space is what we normally define as the 'real' space in which we feel and experience our environment through our senses, whereas virtual space is the experience of spatial representations through various mediums such as painting and photography.[1] The representation not only includes visual information about a physical space but often the feelings and sensory experiences attached to the realm represented. To Soja, the 'Third Space' is the blending of the two spaces and the lived experience itself, including everyday social and cultural events, in anticipation of experiences based upon a correspondence between the physical and virtual. However, the 'Third Space' that I'm trying to construct and convey is based upon a dissonance between the two.

Towards the end of the nineteenth-century a desire to conceptualise space began to intensify, led by art historians such as August Schmarsow and Adolf von Hildebrand. The emergence of the natural sciences had replaced the conventional world of ideas and values promoted by architectural history with a world of facts and new appreciations of reality. Architecture began to be evaluated in terms of science rather than according to ideas of order and proportion that had dominated our discipline since the Renaissance. They turned their interests to the emergence of space, which was largely based on the visual and tactile senses.[2] It was the lines and surfaces of the space, which reveal their three dimensionalities as we move our body within them, which shifted our vanishing point. In the eighteenth-century, George Berkeley's essay on optics argued that perception was the fusion of memories of touch and immediate sensations, while a century later Rudolf Lotze introduced his theory of 'local signs' to signify the phenomenon of muscle memory derived from the motion of the eyes as they move over the forms of a visual object.[3] According to neuroscience today, the 'perception of space is based on the inferences of sparse sensory signals from the world we live in and largely based on stored knowledge called "Priors"' specific to the cultural and social characteristics both at individual and collective levels.[4] Therefore, our perception of space is constructed through our bodily movements in space, enabling our eyes to collect and store the visual priors of that space and linking them to the tactile priors.

Contemplation of the work *Third Space* begins with an interest in what is perceived as real, the relationship between the physical and its representation as well as the processes involved in spatial perception. It is based on the premise that both the physical and the virtual can coexist, especially in our contemporary context of fading boundaries between the physical and virtual. *Third Space* is informed by the subtle connections established between the physical and virtual space at large. However, the space created by this anticipated interrelatedness gradually shifts one stranger and more unfamiliar, particularly as one recognises the varied sensory disparity between the physical realm and its representation. Here, VR is not used simply as a representational tool, but as a medium that enables the coexistence of both physical and representational elements. The concept of a 'Third Space' can be directed towards various site-specific projects. The aim of these projects is to create a wide range of experiences in a given space through the divisions created in architectural elements such as walls, windows and transitional areas. A new understanding of space emerges at the moment in which a user's prior knowledge of an environment is in conflict with the user's experience of that environment in VR. *Third Space* is an architectural experiment that re-thinks and re-designs our apprehension of space, one that is alive to the choreography of bodily movements and the scenography of the space.

1 Masoud Kosari and Abbas Amoori, "Thirdspace: The Trialectics of the Real, Virtual and Blended Spaces," *Journal of Cyberspace Studies* 2, no. 2 (2018): 163–185. https://doi.org/10.22059/jcss.2018.258274.1019

2 Mitchell W. Schwarzer and August Schmarsow, "The Emergence of Architectural Space: August Schmarsow's Theory of '*Raumgestaltung*'," *Assemblage* 15 (1991): 50–61 (50).

3 George Berkeley, *An Essay Towards a New Theory of Vision* (London: J. M. Dent, 1910); Hermann Lotze, *Outlines of Psychology*, ed. and trans. George T. Ladd (Boston: Ginn and Co., 1886), 53–69 (53).

4 Wolf Singer, "Conversation between Daniel Birnbaum, Sanford Kwinter, Johan Bettum" presented at *Breaking Glass I: Virtual Reality and Subjectivization in Art and Architecture*, Städelschule, Frankfurt am Main, 25 May 2018.

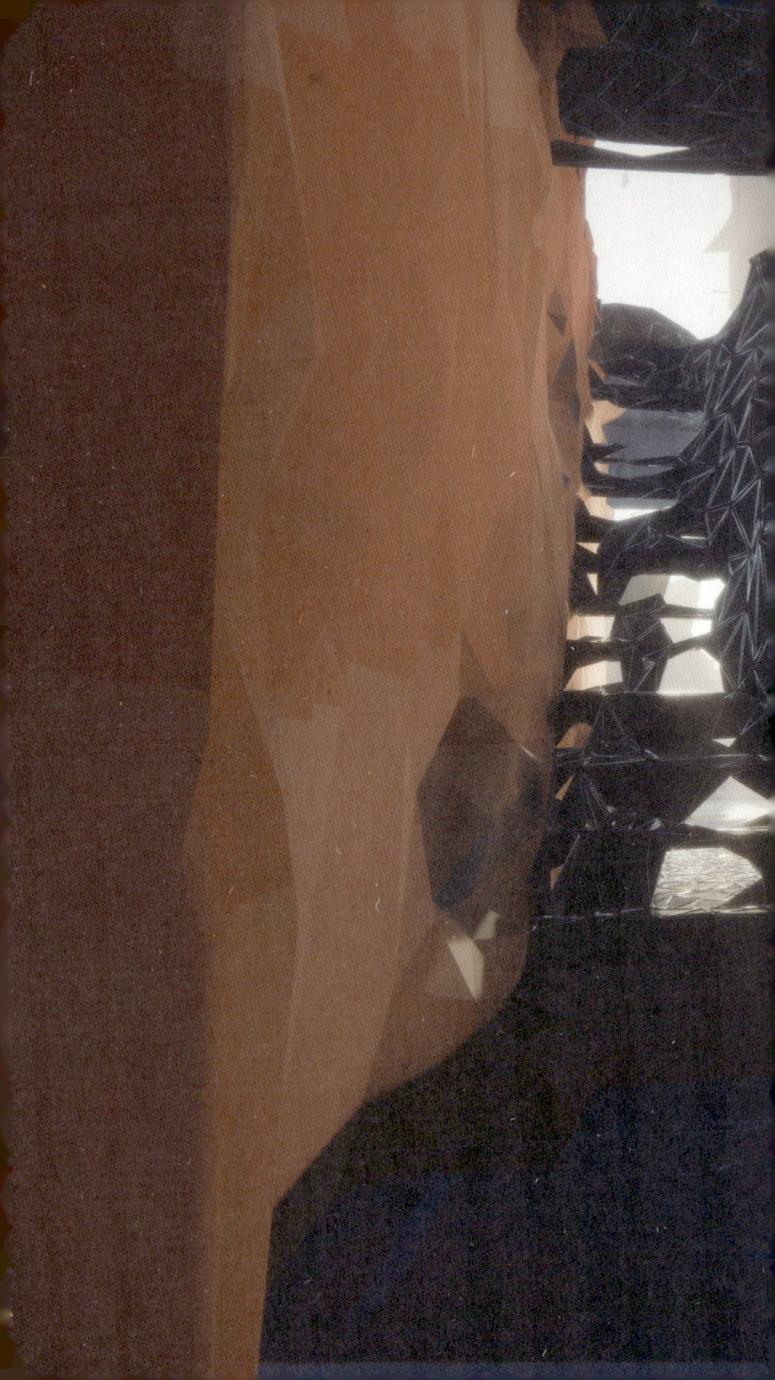

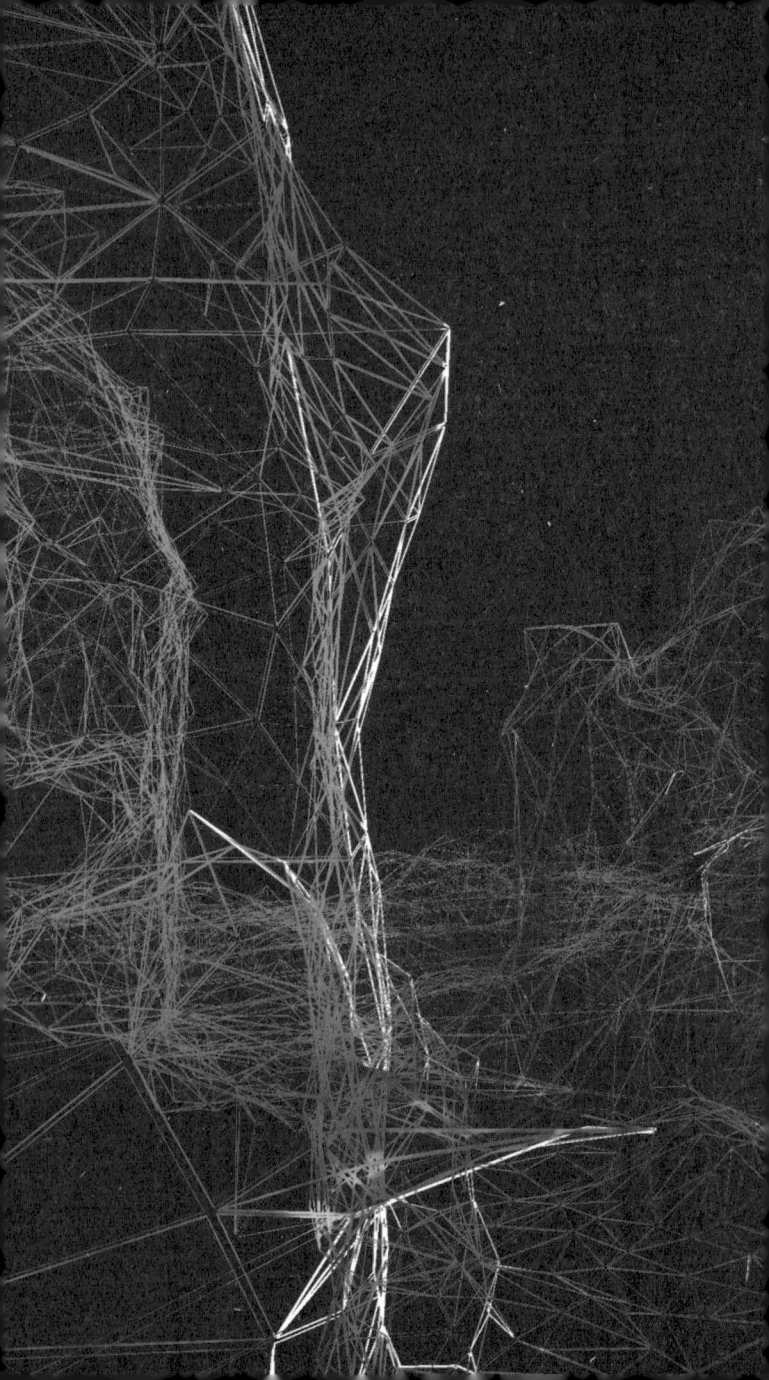

Patched City
정해욱

현대 도시에서 '공간'이라는 개념은 몇 가지 맥락에서 몰락을 맞이한다. 우선, 렘 콜하스는 그의 글 "정크스페이스"에서 현대 도시의 건축에 대해 사망 선고를 내리며, 도시의 모든 공간은 잔해들의 집합일 뿐이라고 규정한다.[1] 이 맥락은 누구에게도 달갑지 않았지만, 십수 년이 지난 지금 더욱 공고해졌다. 정크스페이스는 더 이상 비판 혹은 개선의 대상이 아니라 그저 그 자체로 우리 삶의 바탕이자 현대 도시의 기본값이며, 하나의 인공 자연이 되었다. 다음으로, 오늘날의 이미지 시대는 도시공간의 몰락을 더욱 가속화시킨다. 왜냐하면, 사람들이 공간 환경을 인지하는 방식이 이미지를 흡수하는 것으로 대체되기 때문이다. 이미지는 기존의 공간이 갖던 물리적 맥락으로부터 시각적 특질만 별도로 분리하여 압착-박제한다. 대신, 이 과정에서 파편화되고 탈맥락화된 이미지는 자체적인 생명력을 얻어 별도의 리얼리티로 재구성되고 재창조된다. 이에 관한 대표적인 사례들이 구글 스트리트뷰가 얼기설기 짜깁기 한 조각 이미지들 또는 필터로 범벅된 인스타그램 이미지들이다. 이런 과정을 통해, 잔해로 뒤덮인 도시 공간은 그것의 경험마저 '창조된 허구의 리얼리티'가 집어삼킴으로써, 총체적인 인지 대상이자 유일한 실제 환경으로서의 고귀했던 지위를 상실한다.

정크스페이스가 되면서 몰락한 현대 도시 공간은, 이를 대체하는 리얼리티에게 '형태적 특질'이라는 유산을 남긴다. 기존의 도시 공간은 사라지더라도, 이것이 남긴 형태적 특질은 다른 미디어와 리얼리티를 통해 이어지고 재구성되며 또 다른 생명을 얻는다. 정크스페이스가 현 인류에게 또 하나의 자연임을 고려하면, 이는 기존의 순수 자연의 형태적 특질이 인류의 여러 세대 동안 영감의 원천이 되어 다양한 에스테틱의 형성으로 이어진 것과 연결 지어 생각해볼 수 있다. 또한, 이미지 시대는 무언가의 형태적 특질을 그것의 실제 물성과 상관없이 독립적인 객체이자 사유의 대상으로 상정하고 분리-독립시킨다. 이로 인해 현대 도시 — 정크스페이스 — 의 형태적 특질은 앞으로의 리얼리티와 에스테틱 형성에 있어 매우 중요한 대상이 된다.

따라서, 우리는 렘 콜하스의 글에서 그의 회의적인 태도보다 그가 정크스페이스의 형태적 특질을 묘사하려고 했던 지점에서 유의미한 힌트를 얻을 수 있다. 그의 글에서 정크스페이스는 크게 두 가지 방식으로 묘사된다. 첫 번째는 전체가 정체를 알 수 없는 파편들의 짜집기patchwork를 통해서 구성된다는 점이고, 두 번째는 그 방식에서 매우 무성의하게 "위계는 축적으로, 구성은 덧댐으로 대체"된다는 점이다.[2] 이는 마치 작가의 의도가 특정되지 않는 방식으로 진행되는 '레디메이드를 통한 콜라주' 같다. 그리고 이 둘은 다시 현대 도시 공간이 갖는 세 가지 주요한 형태적 특질로 연결된다. 바로 정보의 '과잉된 축적'과 요소들 간의 '선명하지만 동시에 읽을 수 없는 경계들' 그리고 '임시방편적 태도'이다. 그렇다면 이 셋에서 우리는 무엇을 읽어낼 수 있는가?

먼저, '과잉된 축적'은 공간 구성에서의 특정한 대응 방식을 암시한다. 일례로 정크스페이스에서는 역사적으로 정체를 알 수 없는 모조품으로 된 장식 요소들로 공간이 꾸며지는데,[3] 이 과정에서 새로운 추가 행위는 기존의 맥락을 무시하고 그냥 덧대어진다. 이러한 과정의 반복은, 더는 누구도 공간이 주는 시각 정보의 진짜 정체에 다다를 수 없게 만든다. 이 과정에서는, 쏟아지는 것들의 정체를 파악하고 그것을 형태소로 환원시키기보다는, 그냥 파악할 수 없는 것들 사이에서 함께 표류하는 것이 주요한 대응 전략이 된다. 다시 말해, 이는 무언가를 형성함에 있어 주어지는 재료 혹은 선택지를 직접 만들지 않으며, 그 내용을 이해할 수도 없고 이해할 필요도 없는 상황을 의미한다. 이는 마치 더 이상 기보가 필요 없어지며, 측정 따위 없이 복잡함을 그대로 활용할 수 있는 상황을 예견했던 마리오 카르포Mario Carpo의 생각과 일맥상통한다.[4]

한편, '선명하지만 동시에 읽을 수 없는 경계들'의 문제는 요소 간의 시각적 존재 방식을 암시한다. 예를 들어, 정크스페이스에서의 요소들은 파편화가 된 이후 패치워크를 통해 다시 전체가 되어서 존재하는데, 여기서 각자의 경계들은 주변과 하나 되어 어우러지다가도 한편으로는 부조화스럽게 충돌한다. 다른 측면에서는, 충돌하며 존재하는 분해된 파편들이 오히려 전체의 속성을 더 잘 드러내 주기도 한다.[5] 이는 건축에서 오랫동안 있어온 문제인 '부분과 전체'에 있어 두 가지를 병치시키는 새로운 대안을 제시한다. 또한 이는 도시에서 요소들의 원근과 채움-비움 관계를 흩트려 공간감을 지워낸다. 이러한 긴장 관계는 여러 가지 방식으로 읽힐 수 있는 성질로 인해 다원화된 리얼리티에 다각적으로 대응할 수 있는 바탕이 된다. 다시 말해, 이는 기존의 몰락한 도시 공간이 다른 리얼리티에서 고유의 형태적 특질을 바탕으로 재구성될 때, 다른 방식의 공간으로 발현될 기회를 제공한다.

마지막으로, 이 모든 속성들을 관통하는 특성이 바로 '임시방편적 태도'이다. 일례로 정크스페이스에서는 늘 불완전한 대안들로 문제를 풀어가기 때문에, 공간은 절대로 완결된 상태에 다다르지 못한다.[6] 이는 한편으로 자본주의에서, 가짜 욕망이 삶에서의 만족을 끊임없이 기만적으로 대체하여 절대 채워지지 못하도록 만드는 상황과 비슷하다.[7] 형태적 특질로서의 임시방편적 특성은 특정 요소의 불완전함이 다른 요소를 통해 가려지거나 억지로 기워지는 방식으로 드러난다. 이러한 성향은 도시의 공간뿐만 아니라 디지털 이미지에서도 아주 잘 드러난다. 3D 스캐닝에서 컴퓨터가 인지하지 못한 오브젝트의 뒷면이 짓이겨진 폴리곤으로 메꿔지는 양상 혹은, 온라인 지도의 스트리트뷰에서 이미지 조각들이 억지스럽게 재구성되어 전체인 양 표현하는 도시공간이 그러하다. 이 모든 것들은 어떠한 왜곡을 감수하고서라도 빈틈을 때우고 보려는 태도를 갖는다.

이 프로젝트 *Patched City*는 도시 공간의 이러한 형태적 특질을 포착하기 위한 장치인 patchiness를 바탕으로, 도시의 요소들을 추출하고 그것으로 다시 새로운 풍경을 만들어낸다. 특히 도시의 파편들이 만들어내는 충돌과 불완전한 결합방식에 주목한다. 실제 도시 풍경이 도시 공간에서 분리된 껍데기만으로 채워지는 것처럼, 오늘날의 테크놀로지는 도시에서 이미지만 별도로 분리해낸다. 이 프로젝트는 디지털 테크놀로지를 통하여 두 가지 방식으로 도시의 이미지에서 그것의 형태적 특질만 추출해낸다. 첫 번째는 포토그래메트리를 기반으로, 사진에 담긴 도시의 형태 요소들을 디지털 메쉬로 전환하는 것이고, 두 번째는 스트리트뷰에 담긴 도시 이미지에서 여백과 채워진 부분의 외곽선을 바탕으로 디지털 메쉬를 추출하는 것이다. 두 가지 방법을 통해 도시의 요소들은 입체와 평면 그리고 원본과 복제 사이에서 분리와 재구성을 반복한다. 그리고 이를 위한 첫 번째 대상으로 이 프로젝트는 서울 번화가의 뒷골목들을 지목한다. 왜냐하면, 해당 골목길이 제시하는 풍경은 앞서 짚어본 현대 도시의 세 가지 형태적 특질을 아주 잘 드러내기 때문이다.

    이렇게 얻어진 디지털 형태에는 더 이상 어떠한 물성도 없다. 이들은 순수 디지털 메쉬의 상태로 무작위적인 방법을 통해 다시 전체를 재구성한다. 새로운 '전체'는 도시의 형태적 특질로부터 가득 채워지지만, 물리적인 리얼리티로부터 완전히 벗어나 있으며, 입체와 이미지를 오가면서 생겨나는 차원의 빈틈은 대충 덧대는 방법으로 때워진다. 따라서, 재구성된 풍경은 어느 정도 3차원으로 존재하다가도 서로의 관계가 분명하지 않아 다시 2차원으로 내려앉는다. 그리고 이는 어느 것도 누락시키지 않음으로써 과잉 그 자체로 쏟아진다. 이 과잉은 각 객체에 대한 개별적 인지를 무색하게 만들어 장소성을 거세한다. 이로써 납작해진 도시의 파편은 차원과 장소가 특정되지 않는 틈새의 시공으로 닻을 내린다. 그리고 이는 어쩌면 우리가 현대 도시를 통해 이미 거주하고 있는 시공일지도 모른다.

Distorted cityscape of Google Street View.

→ Photographs of urban add-ons in the alleyways of Seoul.
→→ Digital meshes extracted from photographies of urban add-ons.

Patched City — 정해욱

→ Outlines between urban void and filled area, alleyways of Seoul in Google Street View.
→→ Digital meshes extracted from urban outlines of Google Street View.

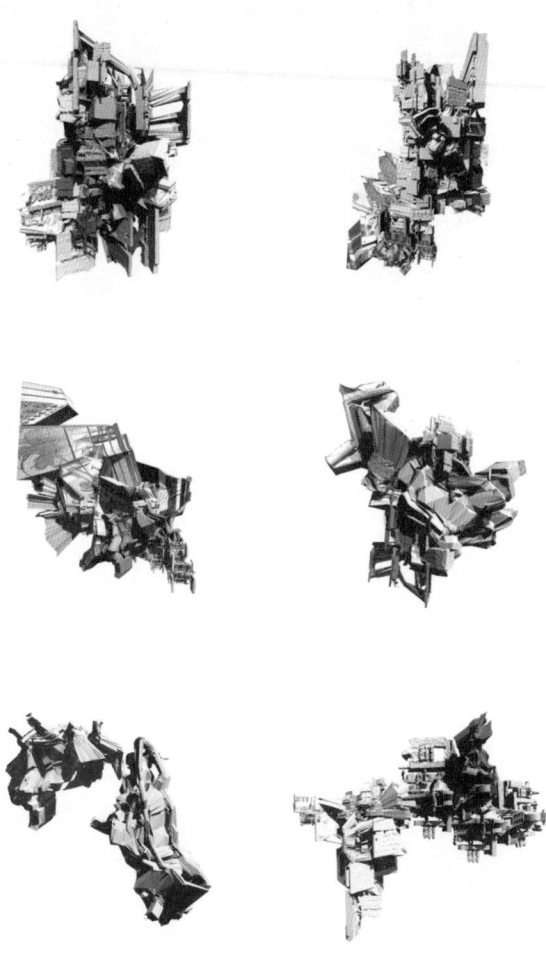

Patched object series, re-aggregation of two different types of digital meshes.

Reconstructed urban landscape based on aggregation of 'Patched object.'

Haewook Jeong, *Patched City: The Archaeology of the Debris*, 2019, digital drawing, printed in 100×100 cm.

Patched City
Haewook Jeong

The notion of 'space' in contemporary cities has collapsed for a number of reasons. First, according to Rem Koolhaas's 'Junkspace', 'architecture disappeared' from contemporary cities, and all urban spaces can be defined as the accumulation of debris.[1] Although this is thought to be unwelcome, indicated by the skeptical tone of the argument, the junky contexts and properties of contemporary cities have continued to intensify in the decade since the publication of Koolhaas's essay. Here, the junkspace is no longer an object of criticism or something to be reformed, but a new artificial nature contributing to the basic living conditions for citizens and setting the default value of contemporary cities.

Today's image culture has accelerated the deterioration of urban space. This is because the way individuals perceive their spatial environment has been replaced by image consumption. Images copy and compress the visual properties of a space by separating certain characteristics from their background. Formal information is therefore fragmented, extracted or cut from the physical-spatial context of the original space. This de-contextualised image gains its own vitality as it is reconstructed and recreated to constitute another reality. Typical examples of this are Google Street View's freeze-ups, which are patched up disingenuously, or on Instagram, with images distorted by its numerous filters. These two examples reveal how something can look real, but does not exist in the same reality. Through this process, in which a 'fabulated or fictional reality' overrides conventional spatial experiences, the urban space, littered with the debris of capitalism, loses its superior status as the sole 'real' environment and as the holistic object of contemplation.

Contemporary cities, having degenerated into junkspace, leave a legacy of 'formal properties' in their new reality that replace the original. It perpetuates a latent formal possibility as it is reconstructed through other media and practices, even as the existing urban space disappears. Considering that junkspace is thought to be another natural environment in which humankind can thrive, we are lead to reflect upon a purer conception of nature in terms of how its formal properties served as the source of inspiration to many past generations and the catalyst behind the diversity of aesthetic approaches throughout history. Moreover, in terms of our image driven culture, formal properties are now thought to act independently of the speculation that surrounds, detached from its physical situation and conditions. Based on that notion, the formal properties inherent to contemporary cities, or in other words, of junkspaces, are notable subjects for critical scrutiny when contemplating the future directions of the aesthetic and identity of architecture.

Therefore, the crucial point behind the junkspace is not the prevailing skepticism of Rem Koolhaas but the description he offers when trying to capture the formal properties of junkspace. According to his text, its formal qualities can be described in two ways: the first is that it is wholly constructed through a patchwork of unidentified fragments; the second is that, in terms of formation, 'hierarchy is replaced with accumulation and composition is replaced with addition', as well as implying a more haphazard approach.[2] This resembles a 'collage of readymades', comparable to the effect of an artwork that reaches beyond the artist's original intentions. These two defining characteristics lead to the three dominant formal qualities in contemporary urban space: 'excessive accumulation', the 'tension of a seam which is legible but ambiguous at the same time', and 'the attitude of the temporary expedient'. What new meanings can we derive from these traits?

First, 'excessive accumulation' suggests a specific kind of response, in which new layers are added indiscriminately, perhaps ignoring contextual specificities rather than reserving a sense of subtraction of previous layers. For instance, the junkspace is often flooded with a curious mix of imitations of styles and forms in which obscure historical origins.[3] This iterative process obstructs the discovery of the true origins of the visual information in a given space. Rather than attempting to identify every detail submerged in these layers, the most effective strategy or response to this phenomenon is to allow oneself to drift, to let go of the burden of quantification. In other words, it promotes a situation in which people do not feel the need to understand, or cannot understand, the individual factors or elements that have contributed to the formation of an environment. This would correspond with Mario Carpo's predictions for the future of the design process, a situation in which notation is no longer necessary and complexities can be manipulated without any measurement.[4]

On the other hand, the implied 'tension of a seam which is legible but ambiguous at the same time' is suggestive of the existing interrelationship of visual elements. For instance, when fragmented elements form the whole in junkspace, they come together in a patchwork configuration. Their boundaries merge but are also in varying degrees of conflict. However, the inverse is also valid, whereby the collision of fragments can reveal the essence of the whole.[5] This leads to a new alternative approach that embraces both the parts and the whole, a posture that has been a long-standing problem in architecture. In the city this is of particular relevance, as it also erases a sense of space by obscuring the relationship between the void and the solid, and the far and the near, in urban elements, both of which are major binary oppositions that inform the perspectival perception of space. The tensions demonstrated by these relationships provide a basis for responding to a pluralised reality, particularly when attending to identifying features that can be read in various ways. By extension, if the reconstruction of formal properties in contemporary cities can be conducted in an alternative reality, we will be presented with an opportunity to generate diverse spatial possibilities.

Lastly, the characteristic that penetrates all of the above qualities is 'the attitude of the temporary expedient'. For instance, the construction of junkspace never reaches completion because, by the very nature of its coming into being, it is determined by temporary solutions that are always left incomplete.[6] On the one hand, this is similar to the dominant character of capitalism in which artificial desires are forged to create a climate of unobtainable satisfaction.[7] Here, features are revealed in such a way so that the imperfections of a particular element are masked or forcibly mended through the prism of other incomplete elements. This tendency is widespread and well reflected not only in urban spaces but also in digital imagery. For example, when producing a 3D scan, the underside of an object that cannot be analysed by the computer is filled in with woven polygons. Moreover, in the street view function on an online map, images that have been interrupted or fragmented are often forcibly reconstructed to create a semblance of a whole. All of these examples engage with the practice of filling gaps, even at the risk of distortion.

Patched City is a project based upon a practice that extracts urban elements from a city and transposes them into another urban landscape, informed by the reading of contemporary cities articulated above. It specifically concentrates on the collision and imperfect aggregation of urban elements. Just as an urban landscape is composed of superficial layers that are distinct from the actual urban environment, so contemporary technology separates images from the body of the city. Guided by this assertion, the project extracts its formal properties from the image of the city in two different ways: the first is by converting a formal impression of the city into a digital mesh based on photogrammetry; the second is to extract a digital mesh from images on Google Street View, based upon the shape of outlines that emerge between voids and solids. Based on these two directives, the project invites the dis-aggregation and re-aggregation of them in both 2D and 3D, and in the original and its reproduction, using advanced digital technologies. The first target of this approach, *Patched City* points to the alleyways of downtown Seoul, through which the cityscape reveals the three defining formal properties of contemporary urban space.

The digital forms acquired in the design process do not have any physical reality, and they are reconstructed again as they are randomly re-aggregated in the state of a pure digital mesh. This reconstructed whole is brimming with the formal properties of the existing city but sits completely outside of its physical reality. Here, the dimensional difference between 2D and 3D is loosely patched together, rendering the relationship unclear. As a result, the reconstructed cityscape constantly switches its dimensionality from 3D to 2D and vice versa. This saturation completely blurs the perception of each individual element and erases a sense of *genius loci*. These flattened fragments land between such unspecified dimensions, places, and times, which mankind has come to inhabit, devising realms that lie above our existing urban environments.

1. Rem Koolhaas, "Junkspace," *October* 100 (2002): 175–190 (175).
2. Ibid., 176.
3. Ibid., 179.
4. Mario Carpo, *The Alphabet and the Algorithm* (Cambridge, Massachusetts: The MIT Press, 2011), 44–48; Mario Carpo, "Breaking the Curve: Big Data and Design," *Artforum* 52, no. 6 (2014): 169–173 (173).
5. Koolhaas, "Junkspace," 183–184.
6. Ibid., 180.
7. Guy Debord, *The Society of the Spectacle*, trans. Donald Nicholson-Smith (New York: Zone Books, 1995), 33.

AAPK

AAPK는 건축 이론에 입각하여, 디지털 매체를 통해 새롭게 형성되는 공간 개념을 탐구하는 장을 여는 것을 목표로 2018년에 만들어진 건축가 집단이다. 특히 동시대의 세계 각지에서 일어나는 다양한 디지털 건축 실험들을 한국어를 바탕으로 포용하고 이에 참여하는 것이 활동의 주된 목적이다. 이를 위해 AAPK는 같은 주제를 공유하는 건축가라면 누구나 참여할 수 있는 유연한 공동체를 지향한다. 현재 AAPK는 독일 프랑크푸르트와 서울을 기반으로 4명의 구성원이 첫 번째 기수로 활동 중이며, 이들은 베니스와 프랑크푸르트, 뮌헨 세 차례에 걸쳐 가상 현실 기반의 건축 전시에 참여했다. 그리고 이들은 본 출판물 "가상-건축"을 기획하였다.

고수영

국립 한밭대학교와 독일 슈테델슐레에서 건축을 전공했다. 최근까지 스노우에이드에서 디자이너로 재직하였다. 한밭대학교 건축학과 기술지원 조교로 근무하였으며, 학부 재학 중 진행했던 프로젝트들은 다수의 공모전에서 당선되었다. 그 중 Matterbetter London에서 주관한 'Typhoon Class Submarine' 국제설계경기 당선작은 2015년 러시아 스트로가노브 예술 아카데미에 전시되었다. 그의 관심사는 실시간 테크놀로지를 기반으로 공간을 구현하는 것과, '표상'과 '전달'의 관점에서의 시뮬레이션을 탐구하는 것에 중심을 두고 있다.

오연주

서울대학교 미술대학에서 공업디자인을, 독일 슈테델슐레에서 건축 석사를 전공했다. 석사 논문 작업으로 2019년 프랑크푸르트 건축가 협회가 수여하는 AIV Master Thesis Prize를 수상하였다. 스트락스 어쏘시에이트에서 인테리어 디자이너로 근무하였으며, 현재 슈테델슐레 건축 전공에서 강사 및 연구원으로 재직 중이다. 작업에서의 관심사는 VR의 매체 특정성을 interiorty와 공간적 몸짓의 관점에서 탐구하는 것과, 건축 디자인 공간에서의 미와 포화되는 형태 등에 중심을 둔다.

이수남

캐나다 칼턴대학교와 독일 슈테델슐레에서 건축을 전공했다. 2018년 슈테델슐레 건축 장학재단에서 수여하는 Günter Bock Prize를 수상하였다. 무회건축과 준우건축에서 근무하였으며, 이후 eTEC E&C에서 경험을 쌓았다. 그는 3D 스캔, 시뮬레이션 소프트웨어 등과 같은 다양한 매체를 이용한 건축 실험에 관심을 두고 있으며, 최근에는 VR 매체를 통해 가상과 물리적 공간, 즉 '표상'과 '현실'의 공존에 관해 탐구하고 있다.

정해욱

서울대학교 미술대학에서 공업디자인을, 독일 슈테델슐레에서 건축 석사를 전공했다. 석사 논문 작업으로 2019년 프랑크푸르트 건축가 협회가 수여하는 AIV Master Thesis Prize를 수상하였다. 현재 schneider+schumacher에 재직 중이다. 조앤파트너스에서 프로젝트 디자이너로 근무하였으며, 대표작으로 연남동 주택, 홍은동 주택 등이 있다. 주요 관심사는 현대 도시의 형태적 특질과 디지털 테크놀로지 사이에서 촉발되는 새로운 미적 가능성을 탐구하는 것과, '건물이 아닌 건축'과 '건축이 아닌 건물'이 발현할 수 있는 각각의 가능성을 탐구하는 것 등이 있다.

외부 저자

요한 베툼

요한 베툼은 슈테델슐레의 교수이며 그곳에서 건축 프로그램을 총괄하고 있다. 그는 슈테델슐레에서 석사 과정 스튜디오인 Architecture and Aesthetic Practice를 이끌고 있다. 그의 디자인 관심사는 건축에서의 공간과 미에 대한 질문에 중심을 둔다. 2014년 그는 SAC Journal을 창간하였으며, 이 저널의 편집자이다. 그는 2000년까지 건축 디자인 네트워크 OCEAN의 멤버였으며, 그리고 자신의 사무실 ArchiGlobe를 운영하였다. 그는 1997년부터 2001년까지 오슬로 대학에서 연구원으로 재직했다. 건축을 공부하기 이전에 그는 패션과 건축, 그리고 디자인 저널리스트로 활동하였다. 그는 프린스턴 대학교에서 생물학 학사를 취득하고, AA에서 수학한 뒤, 건축에서의 복합 섬유의 기하학 연구를 바탕으로 2009년 오슬로 대학교에서 박사학위를 취득하였다.

피터 트루머

피터 트루머는 건축가이자 인스부르크 종합대학의 교수이며 그곳에서 도시계획-디자인 부분을 총괄하고 있다. 또한 그는 SCI-Arc의 방문 교원이자, 슈테델슐레 건축 과정의 객원 교수이다. 그는 이전에 베를라헤 건축 학교에서 Associative Design Program을 총괄하였으며, 펜실베니아 대학교와 빈 미술 아카데미의 객원 교수였다. 피터 트루머는 UN Studio에서 1996년부터 2000년까지 프로젝트 건축가로 근무하였으며, 이후 자신의 건축 작업을 이어나가고 있다. 그는 AA, 빈 응용예술학교, IAAC, 베를라헤, 필라델피아 디자인 학교, 라이스 대학교, 하버드 GSD, 프린스턴 SOA, 상하이 통지 대학, 그리고 예일 등에서 강연 및 크리틱으로 초대되었다. 그의 작업은 2006, 2012년 베니스 건축 비엔날레, 2019년 서울 도시건축 비엔날레, 그리고 뉴욕의 오스트리아 문화 포럼 등에 전시된 바 있다. 그는 '건축으로서의 도시' 혹은 '도시로서의 건축'이라는 주제를 바탕으로 디자인과 연구 활동을 이어나가고 있다.

마이클 영

마이클 영은 뉴욕을 기반으로 활동하는 건축가이며, 쿠퍼 유니온의 조교수로 재직 중이다. 그는 Young & Ayata의 설립자이며, 최근 그의 작업은 뉴욕 현대미술관, 이스탄불 현대 미술관, 그라함 재단, SCI-Arc, 프린스턴 대학에서 전시되었다. 그의 글은 다양한 곳에서 출판되었으며, 대표적인 저서로는 2015년 그라함 재단에서 출간된 *The Estranged Object: Realism in Art and Architecture*가 있다. 그는 American Academy of Rome으로부터 2019–20 Rome Prize를 수상하였다.

다미얀 요바노비치

다미얀 요바노비치는 로스앤젤레스를 기반으로 활동하는 건축가 및 건축 교육자이자 소프트웨어 디자이너다. 그는 현재 SCI-Arc에 전임 교원으로 재직 중이다. 그는 2014년에 슈테델슐레에서 건축 석사를 마쳤으며, 그곳에서 다년간 강사 및 연구원으로 재직하였다. 그의 주된 작업은 실험적인 건축 소프트웨어 개발에 있으며, 이는 소프트웨어 플랫폼의 문화적이고 미적인 탐구에 초점을 둔다. 그는 이외에도 동시대의 건축 교육, authorship의 문제 그리고 창의성에 관심이 있다.

AAPK

AAPK was established in 2018 by its four founding members based in Frankfurt am Main and Seoul with the collective aim of exploring the notion of space as created through diverse digital media. Their primary focus is to embrace and participate in contemporary architectural projects and experiments that revolve around the theme of the 'digital' informed by historical and theoretical research within the architectural discipline. AAPK is therefore a 'community' open to those who share similar interests. Their most recent projects, which centre on the use of VR as an architectural medium, have been shown in three separate venues: Venice, Frankfurt am Main and München in Europe. *Architecture as Fabulated Reality* is AAPK's first publication.

Suyoung Ko

Suyoung Ko holds a bachelor's degree in architecture from Hanbat National University in Korea, where he worked as a technical assistant. He subsequently received his Master of Arts in Architecture from the Städelschule. He recently worked as a designer at SnowAide in Seoul, South Korea. During his undergraduate studies, his projects won nine different competitions, including the international competition 'Typhoon Class Submarine' conducted by Matterbetter, and his winning submission was exhibited in an exhibition at the Moscow State Stroganov Academy of Industrial and Applied Arts in 2015. His work focuses on the execution of spaces that attend to real-time technology, and the exploration of simulation with respect to representation and presentation.

Yeon Joo Oh

Yeon Joo Oh is a tutor and research associate at the Städelschule Architecture Class where she provides general support in the Master Thesis Studios, teaches and coordinates research in the Master Thesis Studio (*Architecture and Aesthetic Practice*), and teaches in the first semester design studio. She holds a Bachelor of Fine Arts in Design from Seoul National University and a Master of Arts in Architecture from the Städelschule, where she received the AIV Master Thesis Prize in 2019. Prior to studying and working at SAC, she was an interior designer at Strakx Associates in Seoul. Her work centres on the medium specificity of VR in terms of its interiority and spatial gesticulation, and her interests lie with the aesthetics of saturated forms in architectural design space.

Soonam Lee

Soonam Lee studied architecture at Carleton University in Canada and the Städelschule in Frankfurt am Main, where he received the Günter Bock Prize. Prior to studying at the Städelschule, he worked at Moohoi Architecture Studio, Junu Architects, and as an architectural engineer at eTEC E&C. He is interested in exploring and applying diverse media in his architectural experiments, including photogrammetry, simulation software, and more recently VR as a medium to promote the coexistence of virtual and physical realities, of representation and the real.

Haewook Jeong
Haewook Jeong is an architect based in Frankfurt and Seoul, currently working at schneider+schumacher. He holds his Bachelor of Fine Arts in Design from Seoul National University and a Master of Arts in Architecture from the Städelschule, where he received the AIV Master Thesis Prize in 2019. Prior to his studies at the Städelschule, he was a project designer at Cho and Partners where he led several housing projects. His work concentrates on the aesthetic innovations that emerge in the collision between formal properties of contemporary cities and digital technologies. He is interested in exploring the possibilities for 'architecture separate from buildings' and 'buildings outside of architecture'.

Guest contributors

Dr. Johan Bettum
Johan Bettum is a professor and program director of the Städelschule Architecture Class. At Städelschule, he heads the Master Thesis Studio, *Architecture and Aesthetic Practice*. Bettum's design interests centre on spatial and aesthetic questions in architecture. In 2014 he founded the SAC Journal, which he edits and contributes to. He has practiced architecture in the design network, OCEAN (till 2000), and in his own office, ArchiGlobe. Bettum was a research fellow at the Oslo School of Architecture from 1997 to 2001. Prior to studying architecture, Bettum worked as a journalist writing on fashion, architecture and design. He holds a Bachelor degree from Princeton University with a major in behavioural biology, studied architecture at the Architectural Association and earned a PhD on the geometry of fibrous composites in architecture from the Oslo School of Architecture (2009).

Peter Trummer
Peter Trummer is a professor for Urban Design and Head of the Institute for Urban Design & Urban Planning—IOUD at the University of Innsbruck. He is a Visiting Faculty of SCI-Arc and Guest Professor at the Städelschule Architecture Class in Frankfurt. He was Head of the Associative Design Program at the Berlage Institute in Rotterdam, Guest Professor at the University of Pennsylvania, and the Academy of Fine Arts in Vienna. Peter Trummer was a project architect at UN Studio from 1996-2000 and has his own practice since then. He lectures and was invited as a critic at the AA, the University for Applied Art in Vienna, the IAAC, the Berlage Institute, the School of Design in Philadelphia, Rice University, Harvard GSD, SOA in Princeton, Tonji University in Shanghai and at the Yale School of Architecture. He exhibited at the Venice Biennale in 2006 and 2012, at the Seoul Biennale in 2019, at the Austrian Cultural Forum in New York and investigates, designs, and speculates on the idea of The City as Architecture and Architecture as a City.

Michael Young
Michael Young is a New York-based architect, Assistant Professor at the Cooper Union, and founding partner of the architectural and urban design studio Young & Ayata. Recently, Young & Ayata's work has been exhibited at the Museum of Modern Art New York, the Istanbul Modern, the Graham Foundation, SCI-Arc, and Princeton University. Young's written work has been widely published, and his book-length manifesto, *The Estranged Object: Realism in Art and Architecture*, was published in 2015 by the Graham Foundation. Young is the recipient of the 2019–20 Rome Prize from the American Academy of Rome.

Damjan Jovanovic

Damjan Jovanovic is an architect, educator, and software designer based in Los Angeles. He is currently full-time faculty at the Southern California Institute of Architecture (SCI-Arc). He finished his postgraduate Master of Arts in Architecture degree at the Städelschule in Frankfurt in 2014, where he subsequently worked as a tutor and research associate. His work centres on the development of experimental architectural software, focusing on investigating the culture and aesthetics of software platforms, as well as questions of contemporary architectural education, authorship, and creativity.

가상-건축
AAPK 외 지음

편집
정해욱, 오연주
글
AAPK(고수영, 오연주, 이수남, 정해욱),
요한 베툼, 피터 트루머, 마이클 영,
다미얀 요바노비치
한글 교열 및 교정
정해욱
영문 교열 및 교정
나탈리 페리스 (AAPK의 글),
요한 베툼 (피터 트루머 인터뷰)
번역
고수영, 오연주, 이수남, 정해욱
디자인
유명상
인쇄 및 제책
인타임
발행처
(주)브리크컴퍼니

초판 1쇄 발행
2020년 9월 25일

(주)브리크컴퍼니
(04779)
서울시 성동구 뚝섬로1나길 5, G701호
(성수동1가, 헤이그라운드 성수시작점)
+82-2-565-0153
info@brique.co

ISBN 979-11-960430-3-2
KRW 20,000

에디터는 지속적으로 모든 자료에 대한
저작권 주인을 올바르게 표기하기 위해
노력했습니다. 다만, 이미지 저작권에 대해
부적절하게 표시했거나 누락된 부분이 있다면
추후 보완하겠습니다.

작성된 글에 대한 모든 저작권은 각 글의
해당 저자에게 있으며, 번역된 한글에 대한
저작권은 각 글의 해당 번역자에게 있습니다.
각 작품 이미지의 저작권은 해당 작가에게
있습니다. 저작권자의 동의없는 무단 전제 및
복제를 금합니다.

번역을 위해 기고받은 두 글의 원문은,
이 출판물의 발행에 앞서 이미 다른 곳에서
발행되었던 글임을 밝혀둡니다.

Architecture as Fabulated Reality
AAPK et al.

Edited by
Haewook Jeong, Yeon Joo Oh
　Contributed by
AAPK(Suyoung Ko, Yeon Joo Oh, Soonam Lee, Haewook Jeong), Johan Bettum, Peter Trummer, Michael Young, Damjan Jovanovic
　Korean Copy-Edited & Proofread by
Haewook Jeong
　English Copy-Edited & Proofread by
Natalie Ferris (Texts by AAPK), Johan Bettum (Interview with Peter Trummer)
　Translated by
Suyoung Ko, Yeon Joo Oh, Soonam Lee, Haewook Jeong
　Designed by
Myungsang Yu
　Printed & Bound by
Intime
　Published by
BRIQUE Company

Printed in Seoul, Korea
September, 2020

BRIQUE Company
#701, HeyGround Seongsu, 5,
Ttukseom-ro 1na-gil, Seongdong-gu,
Seoul, 04779, Korea
+82-2-565-0153
info@brique.co

ISBN 979-11-960430-3-2

The editor has made every attempt to identify and acknowledge all sources and copyright holders. Copyright holders who have not been identified or credited may contact the editor.

All rights reserved. All text herein is under the copyright of the respective authors and may not be reproduced, distributed, or transmitted in any form or by any means, including photocopying, recording, or other electronic or mechanical methods, without the prior written permission of the copyright holder. The translations are under the copyright of the respective translators.

The original writings, which are translated herein, have already been published elsewhere prior to this publication.